たった3秒の
エクセル関数術

ピュータ編集部 編

Gakken

［本書の解説について］

Excel 2016／2013／2010／2007に対応しています

本書では、Excel2010の画面で操作方法を解説していますが、Excel2016／2013／2007でも同じように操作できます。Excel2016／2013／2007で手順が異なる場合は、欄外の脚注で解説しています。

▶Excel2016／2013／2010の画面

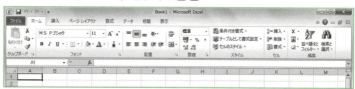

Excel2016／2013と2010の画面構成は、ほとんど共通です。

▶Excel2007の画面

Excel2007では、画面左上の「Office」ボタンや「貼り付け」ボタンのメニュー、印刷画面などがExcel2016／2013／2010と異なります。それ以外の画面構成は、ほとんど共通です。

サンプルファイルで本書の解説の操作を確認できます

本書のホームページ「Gakkenpc.com」から、解説で使用したファイルをダウンロードできます。これを参照することで、習熟度が高まります。

http://www.gakkenpc.com/
にアクセスし、右上の「サンプルダウンロード」リンクからダウンロードページへと進み、サンプルファイルをダウンロードする

Excel 画面各部の名称と機能

①クイックアクセスツールバー
よく使う機能を呼び出すボタンが並んだバー。ボタンは自由に追加／削除できる。

②タブ
作業に対応したタブが用意されており、グラフや図を選ぶとタブが追加される。タブをクリックするとリボンが切り替わる。

③リボン
操作に必要なボタンが表示される領域。クリックして機能を使用する。

④名前ボックス
選択しているセル（⑧参照）のアドレスが表示される。

⑤数式バー
選択しているセルに入力された数値や数式が表示される。ここに数値や数式を直接入力することもできる。

⑥列と列番号
縦方向のセルの並びを「列」と呼ぶ。上端のアルファベットは「列番号」で、列の位置を示す。

⑦行と行番号
横方向のセルの並びを「行」と呼ぶ。左端の数字は「行番号」で、行の位置を示す。

⑧セル
Excel の作業領域であるワークシートを構成するマスのことを「セル」と呼び、ここに数値や数式などを入力する。セルの位置（アドレス）は列番号と行番号を組み合わせ、「F7」のように表す。選択しているセルのことを「アクティブセル」と呼ぶ。

⑨シート見出し
ワークシートの名前が表示される。クリックすると表示するシートが切り替わる。

方・使い方]

イメージインプット図解
各ページで紹介している関数の解説をわかりやすく図示したもの。

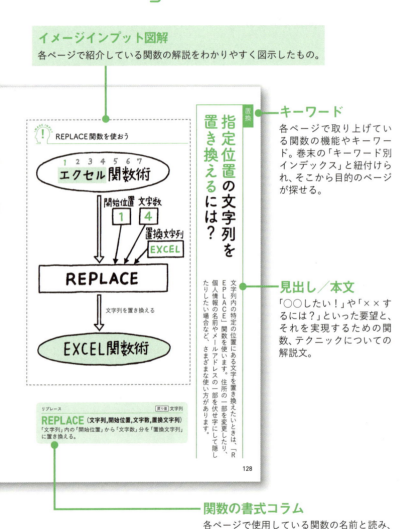

キーワード
各ページで取り上げている関数の機能やキーワード。巻末の「キーワード別インデックス」と紐付けられ、そこから目的のページが探せる。

見出し／本文
「○○したい！」や「××するには？」といった要望と、それを実現するための関数、テクニックについての解説文。

関数の書式コラム
各ページで使用している関数の名前と読み、引数、戻り値と使い方を解説するコラム。

(図内テキスト)

REPLACE関数を使おう

1 2 3 4 5 6 7
エクセル関数術

開始位置 文字数
1   4

置換文字列
EXCEL

↓
REPLACE
↓ 文字列を置き換える
EXCEL関数術

リプレース　　　　　　　　　　　戻り値 文字列
REPLACE（文字列,開始位置,文字数,置換文字列）
「文字列」内の「開始位置」から「文字数」分を「置換文字列」に置き換える。

置換
指定位置の文字列を置き換えるには？

文字列内の特定の位置にある文字を置き換えたいときは、「REPLACE」関数を使います。住所の一部を変更したり、個人情報の名前やメールアドレスの一部を伏せ字にして隠したりしたい場合など、さまざまな使い方があります。

128

4

本書の読み

関数名
各ページで紹介している関数名。本書をパラパラとめくって関数を探すときの目印にしてほしい。

作例解説
各ページで紹介している関数を使った作例の画面と、関数の内容の説明。

インデックス
現在開いているページの、章の番号と名前を示す。全章についているので、本書をパラパラとめくって探すときの目印にしてほしい。

コラム
解説と関連して、必ず押さえておきたい知識を紹介。また、解説から一歩踏み込んだテクニックも紹介する。

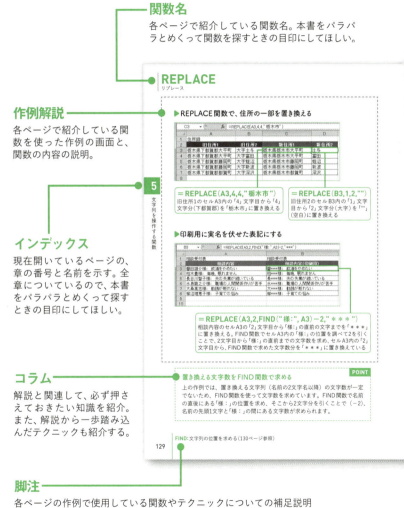

脚注
各ページの作例で使用している関数やテクニックについての補足説明や、補助的に使用している関数の簡単な説明と参照ページなどを掲載。

目次

本書の解説について 2

本書の読み方・使い方 4

サンプルファイルのダウンロードについて

第1章　関数の基本

関数がはじめて？ ならここからはじめよう

関数のしくみが知りたい！ 16

関数の書式を理解しよう！ 18

関数の引数がよくわからない！ 22

関数をすばやく入力するには？ 24

関数を別のセルにコピーしたい！ 26

関数をコピーしたら、エラーが表示された！ 28

セルの表示形式について教えて！ 32

セルに名前を付けると便利ってどういうこと？ 36

日付や時刻を計算したい！ 40

エラーが表示されたら、どうすればいい？ 42

テーブルで関数を入力すると数式が変わる！ 44

第2章

数値を計算する関数

電卓で計算するのって面倒じゃない？

セルの数値を合計したい！ **SUM** 48

条件を満たす数値を合計するには？ **SUMIF** 50

複数の条件を満たす数値の合計を求めたい！ **SUMIFS** 52

指定した方法で数値を集計したい！ **SUBTOTAL** 54

複数の数値を掛け合わせたい！ **PRODUCT／SUMPRODUCT** 56

基準値の倍数になるように数値を切り上げたい！ **CEILING** 58

数値を切り捨てて基準値の倍数にするには？ **FLOOR** 60

数値を指定の桁数で四捨五入したい！ **ROUND** 62

数値を切り上げ・切り捨てたい！ **ROUNDUP／ROUNDDOWN** 64

目次

数値を切り捨てて指定した桁数にしたい！　**TRUNC**　66

元の値を超えない最大の整数を求めるには？　**INT**　68

割り算の結果の整数部分や余りを求めるには？　**QUOTIENT／MOD**　70

第3章　集計や統計を行う関数
売上低下の原因はどこだ？
数字が見えれば策が決まる！

数値の平均値を求めるには？　**AVERAGE／AVERAGEA**　74

条件を満たす数値の平均を求めたい！　**AVERAGEIF**　76

複数の条件を満たす数値を平均するには？　**AVERAGEIFS**　78

数値や空白のセルを数えたい！　**COUNT／COUNTBLANK**　80

条件を満たすセルの個数を求めるには？　**COUNTIF**　82

複数の条件を満たすセルの個数を求めたい！　**COUNTIFS**　84

指定した順位の値を調べるには？　**LARGE／SMALL**　86

第4章

日付や時刻を扱う関数

納期まであと何日？ ムリな仕事は事前に回避！

数値の最大値・最小値を求めるには？	MAX／MIN ... 88
数値から順位を求めるには？	RANK.EQ／RANK.AVG ... 90
母集団の標準偏差を求めたい！	STDEV.P ... 92
条件を表で指定して数値を合計したい！	DSUM ... 94
条件を満たす数値をカウント・平均したい！	DCOUNT／DAVERAGE ... 96
条件を満たす最大値や最小値を求めるには？	DMAX／DMIN ... 98
現在の日付や時刻を求めたい！	TODAY／NOW ... 102
日付から年・月・日を取り出すには？	YEAR／MONTH／DAY ... 104
年・月・日を指定して日付を作るには？	DATE ... 106
○月後の日付や月末日を求めたい！	EDATE／EOMONTH ... 108
日付から曜日を調べるには？	WEEKDAY ... 110

目次

第5章

文字列を操作する関数

Excelが得意なのは数字だけじゃない！

休日を除いて指定日数後の日付を求めたい！	WORKDAY 112
指定曜日を除いて営業日を求めるには？	WORKDAY.INTL 114
指定期間内の営業日数を求めたい！	NETWORKDAYS／NETWORKDAYS.INTL 116
期間の長さを年・月・日の単位で求めたい！	DATEDIF 118
時刻から時・分・秒を取り出したい！	HOUR／MINUTE／SECOND 120

複数の文字列を結合したい！	CONCATENATE 124
検索した文字列を置き換えるには？	SUBSTITUTE 126
指定位置の文字列を置き換えるには？	REPLACE 128
指定した文字の位置を求めたい！	SEARCH／FIND 130
文字列の先頭から文字を取り出すには？	LEFT 132
文字を末尾・途中から取り出したい！	RIGHT／MID 134

第6章

条件処理やセルの情報を調べる関数

こんなときはこうする！ ルールを決めて賢く計算

文字列の文字数を求めるには？	LEN	136
表示形式を適用して数値を文字列にしたい！	TEXT	138
文字列を数値に、数値を漢数字にするには？	VALUE ／ NUMBERSTRING	140
不要な改行やスペースを削除したい！	CLEAN ／ TRIM	142
半角を全角に、全角を半角に変換するには？	ASC ／ JIS	144
アルファベットの大文字・小文字を変換したい！	UPPER ／ LOWER ／ PROPER	146

条件によって処理を振り分けるには？	IF	150
複数の条件を同時に満たすか調べたい！	AND	154
複雑な条件を指定するには？	OR ／ NOT	156
結果がエラーなら別の処理を行いたい！	IFERROR	158
セルの中身が数値か文字列か調べたい！	ISNUMBER ／ ISTEXT	160

目次

文字列の読みを取り出すには？　PHONETIC　　162

第7章

検索や抽出を行う関数

目を皿にしなくても見つかりますよ？

1件1行の表から情報を検索して取り出すには？　VLOOKUP　　166

VLOOKUPが使えない表ではどうする？　HLOOKUP／LOOKUP　　170

リストの中から指定位置の値を取り出すには？　CHOOSE　　172

指定したデータの位置を求めるには？　MATCH　　174

表の行と列を指定して値を抽出したい！　INDEX　　176

セルの行番号・列番号を調べたい！　ROW／COLUMN　　180

セルに入力した文字をセル参照に変換するには？　INDIRECT　　182

基準点からの移動距離でセルを参照するには？　OFFSET　　184

COLUMN 1 ワイルドカードで関数をもっと便利に！ 46

COLUMN 2 数値の合計や平均を一瞬で確認する！ 72

COLUMN 3 参照式を変えずに数式をそのままコピーする！ 100

COLUMN 4 空白セルをまとめて選択する！ 122

COLUMN 5 「5－14」と入力すると「5月14日」になる！ 148

COLUMN 6 ふりがなを追加・修正する！ 164

キーワード別インデックス 186

関数別インデックス 188

ご購入・ご利用の前に必ずお読みください。

● 本書は、既刊「わかるPOCKET 仕事がはかどるExcel関数ワザ大全」の記事を大幅に増補・改訂したものです。
● 本書では、2016年8月現在の情報をもとに、「Excel関数」について解説しています。本書の発行後に、Excelの機能や画面が変更された場合、記事どおりの結果が得られない可能性があります。あらかじめご了承ください。
● ホームページのURLや画面、サービスの内容などは、予告なく変更される場合があります。
● 本書の記事を実行したことで万が一起こる事故やトラブルについては、一切責任を負いかねます。必ず、お客様の判断で行ってください。

※Microsoft、Windows、Excelは、米国Microsoft Corporationの米国およびそのほかの国における登録商標、または商標です。
※そのほか、本書に掲載したサービス名、製品名、規格名は、会社の登録商標、商標または商品名です。本文中では、®、TMなどは表示していません。

第 **1** 章

関数の基本

関数がはじめて？
ならここから始めよう

関数のしくみ

関数のしくみが知りたい！

インプットしたデータを計算してアウトプットする

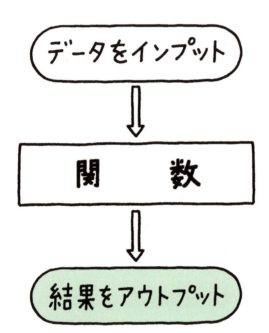

関数にデータをインプットすると、計算結果がアウトプットされる。まずはこのしくみを覚えておこう

関数は複雑な計算や集計などの処理を、あっという間に処理してくれるエクセルの便利な機能です。使い方が難しい印象がありますが、しくみはシンプル。関数にデータをインプットすると、計算結果をアウトプットするだけです。

▶目的に合わせて関数を選ぶ

エクセルには用途に合わせてたくさんの関数が用意されており、それぞれに固有の関数名が付けられています。本書では、エクセルの関数を下表のように分類して紹介します。

分類	関数の用途の例	関数名
数値計算	合計する 掛け合わせる 四捨五入する	SUM PRODUCT ROUND
集計／統計	平均を求める データの個数を数える 順位を求める	AVERAGE COUNT RANK.EQ
日付／時刻	現在の日付を求める 日付から年だけ取り出す 日付から曜日を求める	TODAY YEAR WEEKDAY
文字列操作	複数の文字列をつなげる 特定の文字列を置き換える 文字数を調べる	CONCATENATE SUBSTITUTE LEN
条件処理	条件で処理を振り分ける 複数の条件を満たすか調べる 結果がエラーなら処理を変える	IF AND IFERROR
検索／抽出	表から情報を検索して取り出す 指定したデータの位置を求める セルの行番号を求める	VLOOKUP MATCH ROW

関数の書式を理解しよう！

関数の書式とルール

関数の書き方の基本を覚えよう

関数に仕事をさせるには、正しい書式で記述する必要があります。「半角の『=』(イコール)で始める」、「インプットするデータは( )内に指定する」の二つは、すべての関数に共通する基本ルールです。

まずは関数の書式と基本ルールを理解しましょう。関数を使うときは、関数ごとに決められた「書式」(書き方)に従って、数式をセルの中に記述します。書式は、関数名と引数を組み合わせて構成されています。

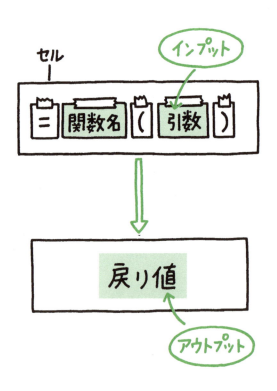

インプットするデータを( )内の「引数」に指定すると、関数が計算結果を表示する。このアウトプットを「戻り値」と呼ぶ

SUM：数値を合計する(48ページ参照)
IF：条件で処理を振り分ける(150ページ参照)

▶関数、引数、戻り値の関係を理解する

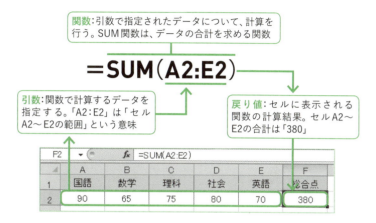

▶引数が複数あるときの関数の使用例

引数が複数あるときは、「,」(カンマ)で区切って指定します。関数の書式で省略できる引数があるときは、引数を「[ ]」(大かっこ)で囲んで表記します。

▶関数を使うときのルール

1	半角英数字で入力する
2	式は必ず半角の「=」(イコール)で始める
3	関数は引数を必要とする(引数のない関数もある)
4	引数は「( )」(カッコ)で囲む
5	複数の引数は「,」(カンマ)で区切る
6	書式の「[ ]」(大カッコ)で囲まれた引数は省略できる
7	引数が文字列の場合は、「"」(ダブルクォーテーション)で囲む

セルの場所は、列を示すアルファベット(列番号)と、行を示す数字(行番号)を組み合わせた「セルアドレス」で表記します。例えば、「A1」は「A列の1行目」という意味です。

▶算術演算子の種類と使用例

数式を書くときに使う算術演算子は、数値を計算するための記号です。算術演算子には優先順位があり、順位の高いものから先に計算されます。

算術演算子の種類

算術演算子	意味
＝A1＋B1	セルA1の値にB1の値を足す(足し算)
＝A1－B1	セルA1の値からB1の値を引く(引き算)
＝A1＊B1	セルA1の値とB1の値を掛ける(掛け算)
＝A1/B1	セルA1の値をB1の値で割る(割り算)
＝A1^B1	セルA1の値のB1乗を求める(べき乗)
＝A1＊50%	セルA1の値に0.5を掛ける(パーセント)

算術演算子の使用例

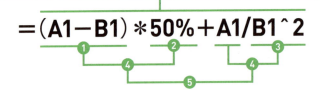

算術演算子の優先順位に注意する。ここでは❶～❺の順番で計算される

POINT

算術演算子の優先順位

算術演算子の優先順位は右表のようになっています。

1	( )内の数式
2	％(パーセント)
3	^(べき乗)
4	＊(掛け算)と/(割り算)
5	＋(足し算)と－(引き算)

▶比較演算子の種類と使用例

比較演算子は、数値の大小を比べたり、文字列が同じかどうかを調べたりするための記号です。比較演算子を使った数式は「論理式」と呼ばれ、関数に条件を指定するときなどに使われます。

比較演算子の種類

比較演算子	意味
=A1>B1	セルA1の値がB1の値より大きい(大なり)
=A1<B1	セルA1の値がB1の値より小さい(小なり)
=A1=B1	セルA1の値とB1の値が等しい(イコール)
=A1>=B1	セルA1の値がB1の値以上(大なりイコール)
=A1<=B1	セルA1の値がB1の値以下(小なりイコール)
=A1<>B1	セルA1の値がB1の値以外(ノットイコール)

比較演算子の使用例

論理式は、式が成立するときは「TRUE」、しないときは「FALSE」という結果になる。TRUEやFALSEを「論理値」という

POINT

文字をつなげる文字列演算子「&」

演算子には、算術演算子や論理演算子のほかに、文字列をつなげる文字列演算子の「&」(アンパサンド)があります。例えば、「="学研"&"太郎"」と入力すると、二つの文字列をつなげた「学研太郎」が表示されます。

関数の引数がよくわからない！

引数

「引数」とは、関数で計算するデータのことです。ここでは引数の指定方法と、引数の種類を確認しましょう。引数には、数値や文字列、範囲など様々な種類があり、関数によって扱える引数は異なります。

引数は関数で計算するデータ

計算に使うデータを、関数名のあとの( )内に引数として指定します。引数が複数あるときは「,」（カンマ）で区切ります。

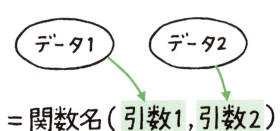

= 関数名(引数1 , 引数2)

計算で使うデータを関数にインプットする

▶引数の指定方法を理解する

引数を直接指定する

=SUM(10,20)　　10と20を合計する

引数をセル参照で指定する

=SUM(A1,C1)　　=SUM(A1:C1)

セルA1とC1の値を合計する　　セルA1～C1の値を合計する

引数に関数を指定する（ネスト）

=SUM(SUM(A1:A3),SUM(B1:B3))

セルA1～A3の合計と、セルB1～B3の合計をさらに合計する

ネスト：関数の引数に関数を指定して入れ子にすること。ネストする関数の戻り値が親の関数の引数の種類に合わないとエラーになります。

▶引数の種類を理解する

引数の種類	指定できる内容	例
数値	計算が可能な10や−2.5といった数	= SUM(1.2, −3,5)
文字列	漢字やひらがな、カタカナ、英数字を含む文字や記号。直接指定する場合は「"」(ダブルクォーテーション)で囲む	= LEN("東京都")
範囲	範囲「A1:A12」といったセル範囲を指定できる	= COUNT(A1:A12)
論理式	比較演算子を使った数式などを指定できる	= IF(A1>100, "YES","NO")
シリアル値	「2016/7/12」や「16:30」のような日付・時刻を指定できる	= YEAR ("2016/7/12")
値	すべての種類の引数	=AVERAGE(A1:B4)
条件	関数で計算する対象を指定するためのもの。数値や文字列、比較演算子を使った数式、セル範囲を指定できる。例えば、60以上の数値を検索したい場合は、「">=60"」と指定する	=COUNTIF (A1:A12,">=60")
その他	関数の動作を指定するために、あらかじめ決められている番号や文字列。例えば、SUBTOTAL関数では、数値の集計方法を指定するため、「1」～「11」などの番号を引数に指定する	= SUBTOTAL (9,C3:C10)

SUM:数値を合計する(48ページ)／**LEN**:文字列の文字数を求める(136ページ)／**COUNT**:数値のセルを数える(80ページ)／**YEAR**:日付の年を取り出す(104ページ)／**AVERAGE**:数値を平均する(74ページ)／**COUNTIF**:条件に合うセルを数える(82ページ)／**SUBTOTAL**:指定した集計方法で集計する(54ページ)

入力

関数をすばやく入力するには？

Excelには関数の入力方法がいくつか用意されていますが、本書では、セルに直接関数名を入力する方法を推奨しています。ある程度、関数に慣れたなら、この方法がもっともすばやく関数を入力できるからです。

▶関数をセルに直接入力する

1. 関数を入力するセルをクリックして半角で「=」と入力し、続けて関数名を入力する
2. 関数名を途中まで入力すると関数がリストアップされる

3. 上下キーで入力したい関数を選択し、Tabキーを押す

4. 関数名が補完されてカッコ「(」まで入力されるので、引数を入力／選択する（ここではセルB3～B7を選択）

	A	B	C	D	E
1	学年末テスト結果				
2	教科	点数			
3	国語	72			
4	数学	66			
5	外国語	52			
6	社会	67			
7	理科	78			
8	合計	=SUM(B3:B7)			

数式バー: =SUM(B3:B7)

5. 閉じカッコ「)」を入力し、Enterキーを押す

	A	B
1	学年末テスト結果	
2	教科	点数
3	国語	72
4	数学	66
5	外国語	52
6	社会	67
7	理科	78
8	合計	335

6. セルに関数の戻り値が表示される

上の手順❸で、関数を入力するときにEnterキーを押すと、エラーになります。必ず、Tabキーを押して入力しましょう。

POINT 関数オートコンプリートを利用する

Excelには、関数名を途中まで入力すると、関数の候補が表示される「関数オートコンプリート」機能があります。関数名がうろ覚えでも目的の関数を入力でき、スペルミスやタイプミスを防ぐうえで役に立つ機能です。

▶入力した関数を修正する

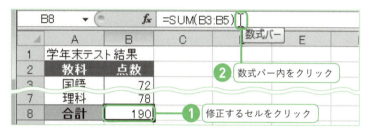

① 修正するセルをクリック
② 数式バー内をクリック

③ カーソルが表示されたら、間違った関数名や引数を修正する
④ 引数のセル範囲を変更する場合は、範囲の四隅にある「■」(ハンドル)をドラッグしてもよい
⑤ Enterキーを押して修正内容を確定する

関数の修正はセル上でも行えます。セルをクリックしたあとF2キーを押すと、セルのデータの末尾にカーソルが表示されます。関数名や引数を入力／選択し直しましょう。

コピー／連続コピー

関数を別のセルにコピーしたい！

▶関数をコピーして貼り付ける

1 コピー元のセルをクリック

D2	▼	f_x =SUM(A2:C2)		
	A	B	C	D	E
1	1月	2月	3月	合計	
2	4,976	5,656	7,346	17,978	
3	4月	5月	6月	合計	
4	6,428	3,794	4,109		
5					

2 Ctrlキーを押しながらCキーを押してコピーする

3 貼り付け先のセルをクリック

D4	▼	f_x =SUM(A4:C4)		
	A	B	C	D
1	1月	2月	3月	合計
2	4,976	5,656	7,346	17,978
3	4月	5月	6月	合計
4	6,428	3,794	4,109	14,331
5				

4 Ctrlキーを押しながらVキーを押して貼り付ける

POINT

参照先が自動調整される「相対参照」

ここでは、合計を求めるSUM関数をコピーして貼り付けました。貼り付けたセルを見ると、計算結果が変わっていることがわかります。また、数式バーを見ると、計算対象のセルが変化しています。これは、コピー元のセルと貼り付け先のセルの距離に応じて、参照するセルが自動で変わる「相対参照」の機能によるものです。参照先が変更されては困る場合は、参照形式を「絶対参照」(28ページ参照) に変更します。

文字や図形と同じように、関数もコピーしたり、貼り付けたりできます。さらに「オートフィル」機能を使うと、関数を入力したセルをドラッグするだけで、連続したセル範囲に関数をコピーすることが可能です。

26

▶オートフィルで関数を連続コピーする

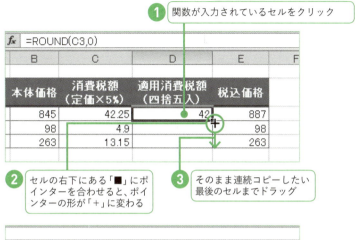

1. 関数が入力されているセルをクリック
2. セルの右下にある「■」にポインターを合わせると、ポインターの形が「+」に変わる
3. そのまま連続コピーしたい最後のセルまでドラッグ

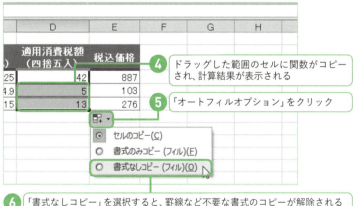

4. ドラッグした範囲のセルに関数がコピーされ、計算結果が表示される
5. 「オートフィルオプション」をクリック
6. 「書式なしコピー」を選択すると、罫線など不要な書式のコピーが解除される

オートフィルオプションと貼り付けのオプション POINT

オートフィルや、右ページのコピー／貼り付けを行ったあとには、セルの右下にオプションボタンが表示されます。ボタンをクリックすると、罫線のようなセルの書式までコピーするかどうかなどを選ぶことができます。

上の手順6で「セルのコピー」を選択すると、セルの内容とともに書式もコピーされます。「書式のみコピー」は書式のみがコピーされ、セルの内容はコピーされません。

関数をコピーしたら、エラーが表示された！

相対参照／絶対参照

関数をコピーすると、参照先のセルが自動で変わります。これを「相対参照」といいます。便利な機能ですが、参照先が変わってほしくない計算もあります。そんなときは、参照先を固定する「絶対参照」を利用します。

数式のコピーは便利だが注意も必要

数式が入力されたセルをコピーするときに、数式内のセルの参照先を変えたくない場合は、その行・列番号に「$」を付けます。

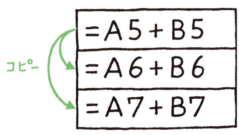

セルをコピーすると、コピー先の位置に合わせて数式のセル参照が変更する

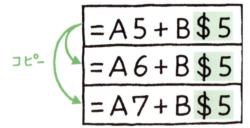

セル参照の行・列番号の前に「$」を付けるとセルをコピーしても参照先が変わらない

▶相対参照と絶対参照の違いを理解する

参照先と表記の違い

	相対参照	絶対参照
コピーしたときの参照先	コピー先のセルによって変わる	固定されて変わらない
セルアドレスの表記	列番号と行番号をそのまま表記	列番号と行番号の前に「$」を付けて表記
例	A1、A1:C4	$A$1、$A$1:$C$4

28

相対参照での連続コピー

絶対参照での連続コピー

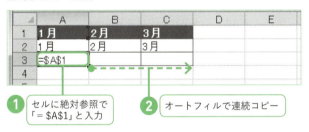

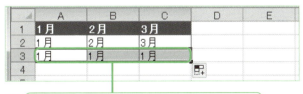

▶絶対参照に変換して関数をコピーする

1. 定価のセルB4と値引率のセルD1を掛け、結果を四捨五入する「=ROUND(B4*D1,-1)」という関数が入力されている

	A	B	C	D
1	割引表		割引率	3%
2				
3	商品名	定価	割引金額	販売価格
4	掛布団カバー	3,500	110	3,390
5	ベッドカバー	4,300		4,300
6	敷布団パッド	2,500		2,500

2. オートフィルで連続コピー

3. エラーやおかしな結果が表示される

4. 最初のセルをクリック

	A	B	C	D
1	割引表		割引率	3%
2				
3	商品名	定価	割引金額	販売価格
4	掛布団カバー	3,500	JND(B4*D1	3,390
5	ベッドカバー	4,300	0	4,300
6	敷布団パッド	2,500	#VALUE!	#VALUE!

5. 数式バーで、固定したいセルアドレスの「D1」の前をクリック

ROUND:指定した桁数で四捨五入する（62ページ参照）

6 F4キーを押すと、「D」と「1」の前に「$」が付いて絶対参照になる

7 Enterキーを押す

	A	B	C	D
1	割引表		割引率	3%
2				
3	商品名	定価	割引金額	販売価格
4	掛布団カバー	3,500	110	3,390
5	ベッドカバー	4,300	130	4,170
6	敷布団パッド	2,500	80	2,420

数式バー: =ROUND(B4*$D$1,-1) ROUND(数値, 桁数)

8 オートフィルで連続コピーすると、正しい結果が表示される

相対参照と絶対参照の変換方法 **POINT**

絶対参照に変換するには、セルや数式バーで、セルアドレスにカーソルを置き、F4キーを押します。F4キーを押すたびに、「$A$1」→「A$1」→「$A1」→「A1」の順に参照方式が変化します。

複合参照:行と列のどちらか一方を固定する参照方式です。固定された行、または列のみに「$」が付きます。

セルの表示形式について教えて！

表示形式

表示形式を変えてデータを見やすくする

「表示形式」は、セルに入力した値そのものを変えずに見た目だけ変更する機能です。上手に使って表を見やすく工夫しましょう。

● 数値の表示形式の設定例

1234

1,234
1,234円
千二百三十四

数値をカンマ区切りにしたり、
単位を付けて表示したりできる

● 日付の表示形式の設定例

2016/9/2

2016年9月2日
平成28年9月2日
9月2日(金)

和暦にしたり、曜日を付けて
表示したりできる

セルの「表示形式」を変更すると、数値に「¥」や桁区切りの「,」を表示させたり、日付の書式を変更したりできます。また、独自の表示形式を作成して（ユーザー定義）、「円」や「人」といった単位を付けることも可能です。

表示形式には「数値」「通貨」「日付」などの分類があり、同じデータを入力しても、設定された表示形式により、表示される結果が異なります。

▶表示形式を設定する

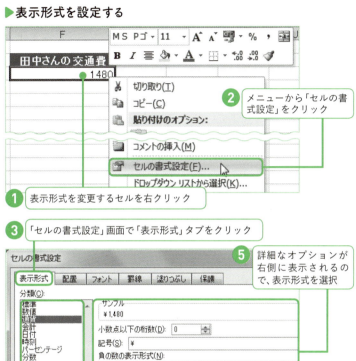

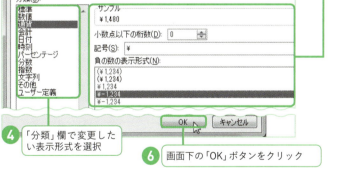

▶ユーザー定義の表示形式で単位を加える

1 33ページの手順❶～❷の方法で「セルの書式設定」画面を開く

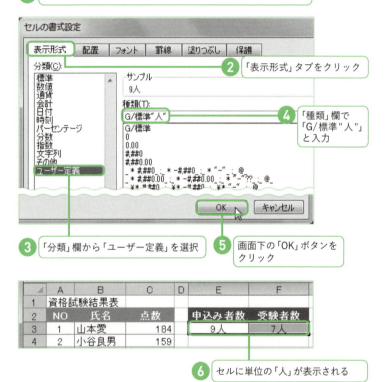

2 「表示形式」タブをクリック

3 「分類」欄から「ユーザー定義」を選択

4 「種類」欄で「G/標準"人"」と入力

5 画面下の「OK」ボタンをクリック

6 セルに単位の「人」が表示される

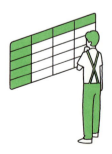

複数のセルに同じ表示形式をまとめて設定したい場合は、対象のセル範囲を選択してから「セルの書式設定」画面を開いて設定します。

ユーザー定義の表示形式を使いこなす

POINT

表示形式で数値に単位を加える際は、単位の文字を「"」(ダブルクォーテーション)で囲んで指定します。また、「#」(シャープ)や「0」(ゼロ)、「,」(カンマ)を使って数値の桁数を揃えることも可能です。「#」は省略可能な桁、「0」は省略不可能な桁を表します。「,」は千の位を表し、末尾に指定すると千より下の桁を丸められます。日付の表示形式では、「aaa」で短い曜日名(月、火、…)を、「aaaa」で長い曜日名(月曜日、火曜日、…)を表示できます。また、時刻の表示形式では、「[h]」のように時の「h」を「[ ]」で囲むことで、24時を超える時刻が表示できます。

単位を加える表示形式

ユーザー定義の例	入力データ	セルの表示
G/標準"円"	70	70円
G/標準"グラム"	25	25グラム
G/標準"Km"	40	40Km
"満"G/標準"年"	18	満18年

桁数を揃える表示形式

ユーザー定義の例	入力データ	セルの表示
000	21	021
0.000	0.2	0.200
#,##0,	4773087	4,773

日時の表示形式

ユーザー定義の例	入力データ	セルの表示
m"月"d"日"" ("aaa")"	6/7	6月7日(木)
mm"月"dd"日"" "aaaa	6/7	06月07日　木曜日
h"時"mm"分"ss"秒"	24:30:45	0時30分45秒
[h]"時"mm"分"ss"秒"	24:30:45	24時30分45秒

名前

セルに名前を付けると便利ってどういうこと?

関数の引数に名前を指定すると、記号(セルアドレス)で指定するよりも、引数の内容がわかりやすくなります。また、引数の参照範囲を変更する必要がある場合でも、名前の参照範囲を修正するだけで済みます。

計算式がわかりやすく書ける

セル範囲に名前を付けると、数式を書くときにセル範囲を名前で指定できるようになります。名前を使うと数式の内容が明確になります。

会員NO	氏名	区分	得点
1	…	A	35
2	…	B	42
3	…	C	47
:	:	:	:
99	…	B	31
100	…	A	25

セル範囲に付けた名前 → **区分** **得点**

= SUMIF(C2:C101,"A",D2:D101)

この数式が…

= SUMIF(区分,"A",得点)

こう書ける!

▶セル範囲に名前を付けて、引数に指定する

セル範囲に名前を付ける

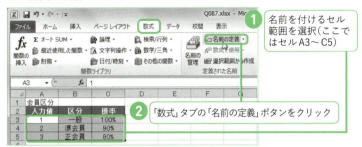

① 名前を付けるセル範囲を選択（ここではセルA3～C5）

② 「数式」タブの「名前の定義」ボタンをクリック

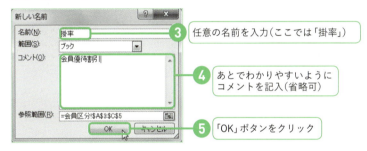

③ 任意の名前を入力（ここでは「掛率」）

④ あとでわかりやすいようにコメントを記入（省略可）

⑤ 「OK」ボタンをクリック

引数に名前を指定する

VLOOKUP関数の引数「範囲」に「掛率」と入力し、名前を指定している

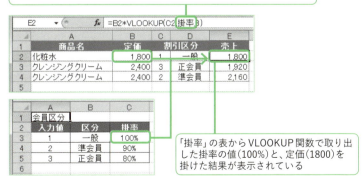

「掛率」の表からVLOOKUP関数で取り出した掛率の値（100%）と、定価（1800）を掛けた結果が表示されている

VLOOKUP：表を縦方向に検索して、情報を取り出す（166ページ参照）

▶「名前の管理」画面で名前を変更／削除する

1 「数式」タブの「名前の管理」ボタンをクリックし、「名前の管理」画面を開く

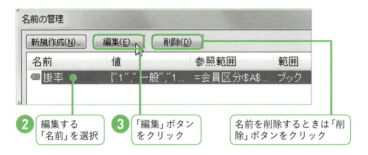

2 編集する「名前」を選択　　**3** 「編集」ボタンをクリック　　名前を削除するときは「削除」ボタンをクリック

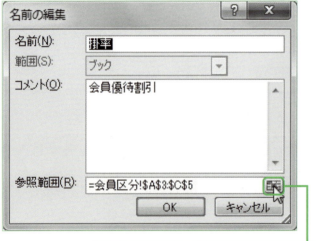

4 参照範囲を変更する場合は「拡大・縮小」ボタンをクリック

5 新しく登録する参照範囲をドラッグ

	A	B	C	D	E	F
1	会員区分					
2	入力値	区分	掛率			
3	1	一般	100%			
4	2	準会員	90%			
5	3	正会員	80%			
6	4	特別会員	70%			

名前の管理 - 参照範囲:

=会員区分!$A$3:$C$6

6 参照範囲が変更されたことを確認

7 「拡大・縮小」ボタンをクリック

8 「名前の編集」画面に戻るので、「OK」ボタンをクリック。「名前の管理」画面に戻るので「閉じる」ボタンをクリック

名前ボックスで名前を付ける　　POINT

セル範囲の名前は、画面左上の名前ボックスに入力して付けることもできます。

❶名前を付けるセル範囲を選択し、❷名前ボックスに名前を入力してEnterキーを押す。

日付や時刻を計算したい！

シリアル値

Excelでは、日付や時刻を「シリアル値」という連続した数値で管理しています。シリアル値は、その整数部分が日付、小数部分が時刻として扱われます。ここではシリアル値のしくみと計算について説明します。

 日付のシリアル値は1900/1/1からの日数

日付のシリアル値は、1900年1月1日を「1」、同1月2日を「2」として、1日経過するごとに1が加算されていく整数です。

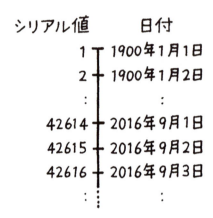

 時刻のシリアル値は0〜1の小数

時刻のシリアル値は、0時を「0」、24時を「1」として、24時間を0〜1の小数で表します。6時が「0.25」、12時が「0.5」となります。

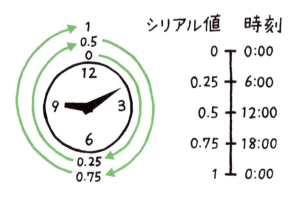

▶日付や時刻を計算する

日付や時刻のデータは、一般の数値と同様に計算できます。数式の中で日付や時刻を直接指定するときは、「"2014/6/12"」や「"9:00"」のように「"」(ダブルクォーテーション)で囲みます。

	A	B	C
1	開始日	終了日	経過日数
2	2014/1/1	2014/6/12	162
3			
4	開始時刻	終了時刻	経過時間
5	9:00	15:45	6:45

C2 には `=B2-A2`

= B2 − A2
開始日から終了日までの日数を求める

= B5 − A5
開始時刻から終了時刻までの経過時間を求める

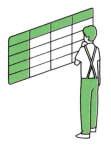

エラー値

エラーが表示されたら、どうすればいい？

エラーが出ても落ち着いて対処しよう

関数の書式や引数の指定を間違えると、「エラー値」と呼ばれる「#」で始まる記号が表示されます。数式を直して解消しましょう。

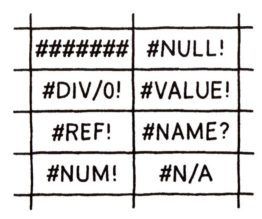

エラーが表示されたら、左ページの表でエラー値の種類を確認し、適切に対処する。

関数の書式を間違えたり、引数の指定が不適切だったりすると、セルに緑色の三角「エラーインジケーター」や、「#DIV/0!」のような「エラー値」が表示されます。ここではエラーが表示されたときの対処方法を解説します。

▶エラーの原因を確認する

1. エラーインジケーター（緑の▲）が表示されているセルをクリック
2. エラーチェックオプションにポインターを合わせる
3. 表示されたヒントを確認する。割り算の分母（セルC1）が「0」であることが原因とわかる。セルC1の値を修正してエラーを解消する

▶エラー値から原因と対処法を確認する

エラー値の種類	原因と対処法
###### （シャープ）	セル幅が狭すぎる、または、日付や時刻の計算結果がマイナスになっているときに表示される。セル幅を広げるか、関数の引数に間違いがないかチェックする
#NULL! （ヌル）	参照するセル範囲が間違っている。関数の引数をチェックする
#DIV/0! （ディバイド・ パー・ゼロ）	「0」（ゼロ）で割り算をしている。割り算をしている関数の参照セルが未入力か、または、参照セルの計算結果が「0」になっていないかチェックする
#VALUE! （バリュー）	数値の引数に文字列を指定したり、引数の指定方法を間違えて関数の書式に合っていなかったりすると表示される。正しい引数に修正する
#REF! （リファレンス）	関数で参照しているセルを移動したり、削除したりして、参照セルがないときに表示される。関数の引数を修正する
#NAME? （ネーム）	関数名を間違えた場合に表示される。関数名をチェックする
#NUM! （ナンバー）	引数として指定できる数値の範囲を超えている場合や、そのために関数が計算結果を返せない場合に表示される。正しい数値に修正する
#N/A （ノー・アサイン）	条件に適合する値を集計したり、抽出したりする関数において、条件に指定するセル範囲を間違えていたり、範囲内に適合するデータがなかったりするときに表示される。引数や参照先のデータをチェックする

POINT

循環参照エラー

「循環参照」とは、関数が入力されているセルを、その関数自体から参照している状態を指します。セルB1がA1を、セルA1がB1を参照するような堂々巡りになってしまい、結果が求められなくなってしまうエラーです。関数を正しく入力し直しましょう。

構造化参照

テーブルで関数を入力すると数式が変わる！

▶テーブルで使われる構造化参照

「テーブル1」は、このテーブルを作成したときに自動で付けられたテーブル名。「デザイン」タブで確認できる。

AVERAGE関数で4月〜6月の平均値を求める。テーブルを設定した表では、引数がセルアドレスではなく、「テーブル1[@[4月]:[6月]]」となる

Excelでは、美しいデザインで表を瞬時に作成し、しかもデータを効率的に管理できる、「テーブル」機能を利用できます。ここでは、「構造化参照」と呼ばれる、テーブルで使われる引数の指定方法を理解します。

POINT

表をテーブルに変換するには？

表をテーブルに変換するには、表内のセルを選択した状態で、「挿入」タブの「テーブル」ボタンをクリックします。「ホーム」タブの「テーブルとして書式設定」ボタンから「テーブルスタイル」を選択することでも、テーブルに変換できます。

▶構造化参照で使われる指定子

[#すべて] [#見出し]

	A	B	C	D
1	店舗	4月	5月	6月
2	池袋	7,759	7,089	8,605
3	新宿	5,032	5,485	6,243
4	渋谷	4,673	4,220	5,674
5	売上	17,464	16,794	20,522

[#集計] [#データ]

指定子	意味
[#すべて]	テーブル範囲のすべて
[#データ]	見出しと集計を除いたデータ部分
[#見出し]	見出し行の部分
[#集計]	集計行の部分
[@] / [#この行]	関数や数式が入力されている行。Excel2016〜2010では「[@]」、2007では「[#この行]」を使う
[見出し名]	見出し名で示される列
[@見出し名]	[@]と[見出し名]が交差するセル(Excel2007では使えない)

COLUMN

ワイルドカードで関数をもっと便利に!

「ワイルドカード」は、文字を代用する特殊文字で、任意の1文字を代用する「?」と、0文字以上の複数の文字を代用する「*」(アスタリスク)があります。例えば、"?田*"は、「2文字目が田の文字列」という意味です。ワイルドカードをマスターすると、関数をより便利に利用できます。

●ワイルドカードの使用例

使用例	意味
"??営業部"	「営業部」の前に2文字が入力されている
"Excel*"	「Excel」で始まる文字列
"*"&B2&"*"	セルB2の値を含む文字列

●住所が「東京都」で始まる会員の数を求める

	C11	▼	fx	=COUNTIF(D3:D9,"東京都*")	
	A	B	C	D	E
1	会員リスト				
2	名前	性別	年齢	住所	
3	大橋 美樹	女	24	東京都練馬区高野台	
4	岡部 斉	男	55	神奈川県横浜市栄区庄戸	
5	黒田 明人	男	41	東京都台東区谷中	
6	鈴木 幸子	女	42	千葉県千葉市中央区栄町	
7	辻 明美	女	38	神奈川県川崎市幸区戸手	
8	成尾 啓子	女	39	東京都江東区白河	
9	渡井 香菜	女	28	東京都中野区中野	
10					
11	東京都の会員数		4		
12					

=COUNTIF(D3:D9,"東京都*")
住所のセルD3〜D9の中から、条件「東京都*」(東京都で始まる文字列)を検索し、一致するセルの数を求める

COUNTIF:条件を満たすセルを数える(82ページ参照)

第 **2** 章

数値を計算する関数

電卓で計算するのって
面倒じゃない？

合計

セルの数値を合計したい！

SUM関数を使おう

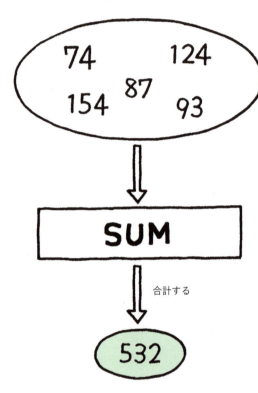

合計する

「SUM」は数値を合計する関数です。指定したセル範囲の数値を合計したり、離れた場所にある複数のセルの値を合計できます。さらに、絶対参照と相対参照を組み合わせてセル範囲を指定すれば、累計を求めることも可能です。

サム　　　　　　　　　　　　　　　　　　　戻り値 数値
SUM（**数値1[, 数値2, …]**）
「数値」で指定した数値やセル範囲に含まれる数値を合計する。

SUM
サム

▶SUM関数で、全教科の点数を合計する

	A	B	C	D	E
	B8	▼	fx	=SUM(B3:B7)	
1	学年末テスト結果				
2	教科	点数			
3	国語	72			
4	数学	66			
5	外国語	52			
6	社会	67			
7	理科	78			
8	合計	335			

=SUM(B3:B7)
各教科の点数のセルB3〜B7に含まれる数値を合計する

▶絶対参照と相対参照でセル範囲を指定し、来場者数の累計を求める

	A	B	C	D	E
	C5	▼	fx	=SUM($B$5:B5)	
1	工作展覧会来場者状況				
2	総来場者数		1,208		
3					
4	週間	来場者数	来場者累計		
5	第1週	263	263		
6	第2週	220	483		
7	第3週	195	678		
8	第4週	182	860		
9	第5週	120	980		
10	第6週	125	1,105		
11	第7週	103	1,208		

=SUM($B$5:B5)
来場者数のセルを合計する。合計するセル範囲の始点となるセルを絶対参照の「$B$5」にして固定し、終点セルを相対参照の「B5」で指定すると、関数をオートフィルでコピーしたときに終点のセルアドレスだけが変化して、合計するセル範囲を1行ずつ増加させることができる

条件で合計

条件を満たす数値を合計するには？

「SUMIF」関数を使うと、条件に一致した数値だけを合計できます。特定の商品の合計を求めたいときなどに使うと便利です。ワイルドカード（46ページ参照）を使えば、「○○を含む文字列」といった条件も設定できます。

SUMIF 関数を使おう

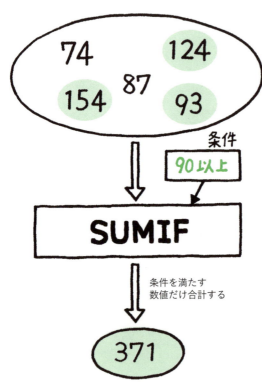

サム・イフ　　　　　　　　　　　　　　　　　　戻り値 数値

SUMIF（範囲, 検索条件[, 合計範囲]）

「範囲」の中から「検索条件」に一致するデータを検索し、検索結果に対応する「合計範囲」の数値を合計する。「合計範囲」を省略すると、「範囲」の数値が合計される。

SUMIF
サム・イフ

▶SUMIF関数で、「空気清浄機」の数量を合計する

	A	B	C	D	E	F
	E3		fx	=SUMIF(B3:B8,"空気清浄機",C3:C8)		
1	商品別売上数量					
2	日付	商品	数量		空気清浄機の数量	
3	3月1日	加湿器	72		132	
4	3月2日	アロマポット	66			
5	3月3日	加湿器	52			
6	3月4日	空気清浄機	90			
7	3月5日	アロマポット	52			
8	3月6日	空気清浄機	42			

= SUMIF(B3:B8,"空気清浄機",C3:C8)
商品のセルB3〜B8内で、「空気清浄機」を探し、一致する行の数量のセルC3〜C8にある数値を合計する

▶条件にワイルドカードを使って、○○用紙と××インクの注文数を求める

	A	B	C	D	E	F	G
	F3		fx	=SUMIF($B$3:$B$9,"*"& E3,$C$3:$C$9)			
1	事務用品注文表						
2	日付	注文商品	数量		商品	注文数	
3	4月1日	A4用紙	72		用紙	156	
4	4月1日	B5用紙	66		インク	210	
5	4月2日	黒インク	52				
6	4月2日	カラーインク	90				
7	4月3日	黒インク	29				
8	4月4日	B4用紙	18				
9	4月7日	カラーインク	39				

= SUMIF($B$3:$B$9,"*"&E3,$C$3:$C$9)
注文商品のセルB3〜B9内で、「"*"&E3」(「用紙」で終わる文字列)を探し、一致する行の数量のセルC3〜C9にある数値を合計する

POINT

「&」でワイルドカードとセルをつなぐ

上の作例では、セル内の文字と、複数文字を代用するワイルドカード「*」を、文字列を結合する文字列演算子「&」でつなぎ、「○○で終わる文字列」という「検索条件」を設定しています。

複数条件で合計

複数の条件を満たす数値の合計を求めたい！

複数の条件をすべて満たす数値だけを合計したいときは、「SUMIFS」関数を使います。例えば、名前と項目の二つの条件に合致している数値や、「20以上」かつ「30未満」の数値を合計することができます。

SUMIFS関数を使おう

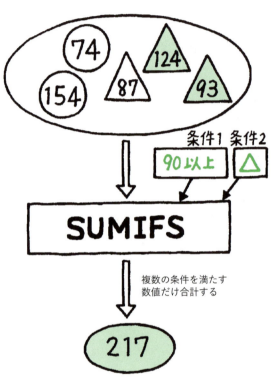

複数の条件を満たす数値だけ合計する

サム・イフズ | 戻り値 | 数値

SUMIFS
(合計対象範囲, 条件範囲1, 条件1 [, 条件範囲2, 条件2, …])

「条件範囲」の中から「条件」に一致するデータを検索し、検索結果に対応する「合計対象範囲」にある数値を合計する。

▶ SUMIFS関数で、田中さんの交通費を合計する

	A	B	C	D	E	F
				F3		=SUMIFS(D3:D9,B3:B9,"田中",C3:C9,"交通費")
1	必要経費一覧					
2	日付	氏名	項目	金額		田中さんの交通費
3	2月1日	田中	交通費	620		1,480
4	2月1日	斉藤	雑費	1,150		
5	2月2日	清水	食費	830		
6	2月2日	田中	雑費	630		
7	2月4日	斉藤	交通費	1,080		
8	2月5日	田中	交通費	860		
9	2月8日	清水	食費	1,200		
10						
11						

= SUMIFS(D3:D9,B3:B9,"田中",C3:C9,"交通費")

氏名のセルB3〜B9内で「田中」を、項目のセルC3〜C9内で「交通費」を検索し、両方の条件に一致する行の金額のセルD3〜D9にある数値を合計する

▶ 比較演算子を使って条件を作成し、営業担当者の年代別に売上金額の合計を求める

	A	B	C	D	E	F	G	H
			H3		=SUMIFS(D3:D9,C3:C9,">="&F3,C3:C9,"<"&G3)			
1	2月第1週 営業成績					年代別営業成績		
2	NO	営業	年齢	売上金額		何歳以上	何歳未満	売上合計
3	1001	山本 未来	25	128,000		20	30	612,000
4	1002	坂元 孝雄	30	235,000				
5	1003	鳥越 茂	22	115,000				
6	1004	金子 義美	36	198,000				
7	1005	清水 一郎	24	213,000				
8	1006	秋田 健二	25	156,000				
9	1007	板垣 誠	33	226,000				
10								
11								

= SUMIFS(D3:D9,C3:C9,"＞="&F3,C3:C9,"＜"&G3)

年齢のセルC3〜C9内で「">="&F3」(20以上)の値を、同じく年齢のセルC3〜C9内で「"<"&G3」(30未満)の値を検索し、両方の条件に一致する行の売上金額のセルD3〜D9にある数値を合計する

POINT

比較演算子で「以上」や「未満」の条件を設定する

「20以上」は「">=20"」、「30未満」は「"<30"」と比較演算子を使い、前後を「"」で囲んで指定します。上の作例のように、セルの値と比較演算子を組み合わせることもでき、その際は「">="&F3」(セルF3の値以上)のように、比較演算子とセルを文字列演算子の「&」を使って連結します。

SUBTOTAL関数を使おう

「SUBTOTAL」関数を使うと、合計や平均など指定した集計方法でセル範囲の数値を集計できます。SUBTOTAL関数が入力されているセルを除外して集計したり、非表示の行の数値を除外して集計できます。

サブトータル　　　　　　　　　　　　　　　　　戻り値 数値

SUBTOTAL（集計方法, 範囲1 [, 範囲2, …]）

「範囲」のセル範囲の値を指定した「集計方法」で集計する。指定したセル範囲にSUBTOTAL関数を使ったセルがある場合、そのセルを除外して集計が行われる。「集計方法」に指定する値は左のコラムを参照。

54

SUBTOTAL
サブトータル

▶SUBTOTAL関数で、小計を除外した合計を求める

SUBTOTALで求めた小計は除外される

=SUBTOTAL （9,C3:C10）

指定の集計方法（9：合計）で、採集数のセルC3〜C10の数値を集計する。小計のセルには、SUBTOTAL関数が入力されているため、小計を除外して合計される

POINT

「集計方法」に指定する値

SUBTOTAL関数の「集計方法」には、「1」〜「11」もしくは「101〜111」の値を指定します。「範囲」に列データ（縦に並んだデータ）を指定した場合、「集計方法」を「1」〜「11」にすると非表示の行を含めて、「101〜111」にすると非表示の行を含めずに集計されます。ただし、行データ（横に並んだデータ）の場合は非表示の列も常に集計されます。

集計方法	引数	引数
平均値	1	101
数値のあるセルの個数	2	102
空白を除くセルの個数	3	103
最大値	4	104
最小値	5	105
積	6	106
標本による標準偏差	7	107
母集団全体の標準偏差	8	108
合計	9	109
標本による分散	10	110
母集団全体の分散	11	111

行（列）を非表示にするには、対象の行番号（列番号）を右クリックし、メニューの「非表示」を選びます。再表示するには、前後の行（列）を選択し、右クリックして「再表示」を選びます。

複数の数値を掛けあわせたい！

積／積の合計

PRODUCT／SUMPRODUCT関数を使おう

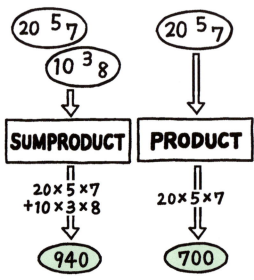

行ごとに掛け合わせた数値を合計する

数値を掛け合わせる

複数の数値の積を求めたいときは「PRODUCT」関数を使うと便利です。さらに「SUMPRODUCT」関数を使えば、指定した複数のセル範囲の対応する項目同士を掛けあわせて、それらの合計を求めることができます。

プロダクト　　　　　　　　　　　　　　　戻り値 数値

PRODUCT（数値1 [, 数値2, …]）

「数値」で指定した数値やセル範囲に含まれる数値の積を求める。

サム・プロダクト　　　　　　　　　　　　戻り値 数値

SUMPRODUCT（範囲1 [, 範囲2, …]）

「範囲」で指定したセル範囲で対応する項目同士を掛けあわせ、それらを合計する。

PRODUCT | SUMPRODUCT
プロダクト | サム・プロダクト

▶RODUCT関数で、出荷金額を求める

| E3 | ▼ | f_x | =PRODUCT(B3:D3) |

	A	B	C	D	E
1	商品別出荷金額				
2	商品NO	定価	卸率	数量	出荷金額
3	A-1001	1,500	85%	50	63,750
4	A-1002	1,200	75%	50	45,000
5	A-1003	850	70%	50	29,750
6	A-1004	800	68%	100	54,400
7	A-1005	1,000	60%	100	60,000
8					
9					
10					

= PRODUCT(B3:D3)
セルB3〜D3に含まれる定価(セルB3)、卸率(セルC3)、数量(セルD3)を掛け算した結果を求める

▶SUMPRODUCT関数で、一気に出荷総額を求める

| D9 | ▼ | f_x | =SUMPRODUCT(B3:B7,C3:C7,D3:D7) |

	A	B	C	D	E
1	商品別出荷数と出荷総額				
2	商品NO	定価	卸率	数量	
3	A-1001	1,500	85%	50	
4	A-1002	1,200	75%	50	
5	A-1003	850	70%	50	
6	A-1004	800	68%	100	
7	A-1005	1,000	60%	100	
8					
9			出荷総額	252,900	
10					
11					
12					
13					

= SUMPRODUCT(B3:B7,C3:C7,D3:D7)
定価のセルB3〜B7、卸率のセルC3〜C7、数量のD3〜D7で同じ行にあるセルの値を掛けあわせ、それらの結果を合計する

切り上げ

基準値の倍数になるように数値を切り上げたい！

「CEILING」関数は、指定した基準値の倍数になるように数値を切り上げます。ケース単位で発注する商品で、必要な商品数から実際の発注数（ケース単位の倍数）を計算するようなときに利用できます。

CEILING関数を使おう

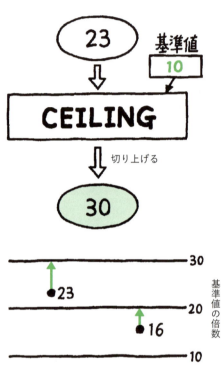

数値を10の倍数に切り上げる

シーリング　　　　　　　　　　　　　　　　　戻り値 数値

CEILING（数値,基準値）

指定した「基準値」の倍数のうち、最も近い値に「数値」を切り上げる。

CEILING
シーリング

▶CEILING関数で、発注数を求める

ここでは、10個単位で発注する商品の発注数を求めます。必要数量を下回らないように、必要数量に最も近い10の倍数に切り上げます。

	C3	▼	f_x =CEILING(B3,10)	
▲	A	B	C	D
1	商品別発注一覧			
2	商品NO	必要数量	発注数（10個単位切り上げ）	
3	MD-001	23	30	
4	MD-002	18	20	
5	MD-003	6	10	
6	MD-004	29	30	
7	MD-005	36	40	
8				

= CEILING（B3,10）
必要数量のセルB3の値を「10」の倍数のうち、最も近い倍数に切り上げる

▶延長料金を10分単位で切り上げる

最低利用料金が1時間1,000円のカラオケルームで、1時間を超えた場合の延長料金を10分ごとに100円加算します。この加算対象となる延長時間（10分単位）を、CEILING関数で求めます。

	F5	▼	f_x =CEILING(E5,"0:10")					
▲	A	B	C	D	E	F	G	H	I
1	カラオケルーム利用時間表（延長10分:100円）							
2	最低利用時間	1:00	基本料金	1,000				
3								
4	NO	開始時間	終了時間	利用時間	延長実時間	加算対象延長時間	加算料金	利用料金
5	1	10:30	11:56	1:26	0:26	0:30	300	1,300
6	2	13:10	14:53	1:43	0:43	0:50	500	1,500
7	3	15:00	16:15	1:15	0:15	0:20	200	1,200
8								

= MAX（C5 − B5,$C$2）
「C5 − B5」（終了時間 − 開始時間）の計算結果と、最低利用時間のセルC2（1:00）のうち、最大値を求める

= CEILING（E5,"0:10"）
延長実時間のセルE5の値を「"0:10"」（10分）の倍数のうち、最も近い倍数に切り上げる。引数に時間を指定する際は「"」で囲む。結果はシリアル値で表示されるため、表示形式を「時刻」に設定しておく

MAX：数値の最大値を求める（88ページ参照）

59

切り捨て

数値を切り捨てて基準値の倍数にするには？

「FLOOR」関数を使うと、指定の基準値の倍数のうち、最も近い値に数値を切り捨てられます。例えば、ケース単位で出荷する商品において、生産数から出荷可能な商品数を計算したいときなどに利用できます。

FLOOR関数を使おう

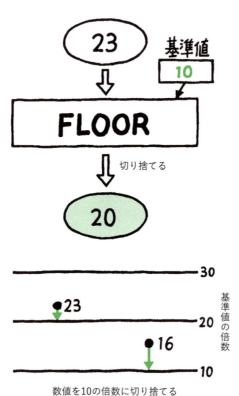

数値を10の倍数に切り捨てる

フロアー　　　　　　　　　　　　　　　　　戻り値 数値

FLOOR（数値, 基準値）
指定した「基準値」の倍数のうち、最も近い値に「数値」を切り捨てる。

FLOOR
フロアー

▶FLOOR関数で、生産量から出荷箱数を求める

野菜の生産量から出荷箱数を求めます。FLOOR関数で、生産量を箱の容量の倍数に切り捨てて出荷できる容量を求め、さらに箱の容量で割ることで出荷箱数が求められます。

	A	B	C	D
1	出荷可能箱数計算			
2	商品名	生産量(Kg)	箱の容量(Kg)	出荷箱数
3	じゃがいも	95	14	6
4	にんじん	80	10	8
5	玉ねぎ	62	15	4
6	れんこん	45	7	6
7	ピーマン	60	9	6

D3 セル: =FLOOR(B3,C3)/C3

=FLOOR(B3,C3)/C3
生産量のセルB3を、箱の容量のセルC3の倍数のうち、最も近い倍数に切り捨て、箱の容量のセルC3で割る

▶勤務表の退社時刻を10分単位で切り捨てる

タイムカードの計算表で、実際に打刻した退社時刻を10分単位で切り捨てて、計算用の退社時刻を求めます。

=FLOOR(C4,"0:10")
退社時刻のセルC4を「"0:10"」(10分)の倍数のうち、最も近い倍数に切り捨てる。引数に時間を指定する際は「"」で囲む。結果はシリアル値で表示されるため、あらかじめセルの表示形式を「時刻」に設定しておく

=CEILING(B4,"0:10")
計算用の出社時刻は、CEILING関数で10分単位で切り上げて求める

CEILIING:基準値の倍数になるように数値を切り上げる(58ページ参照)

数値を指定の桁数で四捨五入したい！

四捨五入

ROUND関数を使おう

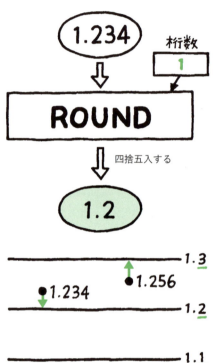

数値を小第1位まで残して四捨五入する

数値を四捨五入したいときは「ROUND」関数を使います。四捨五入する桁数を指定できるので、小数点以下を四捨五入して整数に丸めたり、金額が10円単位になるように1円の位で四捨五入することもできます。

ラウンド　　　　　　　　　　　　　　　　　戻り値 数値

ROUND（数値,桁数）
指定された「桁数」になるように「数値」を四捨五入する（桁数の指定方法は左の表を参照）。

ROUND
ラウンド

▶ROUND関数で、1円未満の端数を四捨五入する

	A	B	C	D	E
1	商品価格表				
2	商品名	本体価格	消費税額（定価×8%）	適用消費税額（四捨五入）	税込価格
3	ブラジルコーヒー	845	67.6	68	913
4	ハワイアンコーヒー	930	74.4	74	1004
5	コーヒーフィルター	98	7.84	8	106
6	タンブラー	785	62.8	63	848
7	厳選名水	263	21.04	21	284

D3 =ROUND(C3,0)

＝ROUND（C3,0）
消費税額（定価×8%）のセルC3を、小数点以下の桁数が「0」（整数）になるように四捨五入する

▶割引金額が10円単位になるように四捨五入する

	A	B	C	D
1	割引販売価格表		割引率	3%
2				
3	商品名	定価	割引金額	販売価格
4	掛布団カバー	3,500	110	3,390
5	敷布団カバー	2,800	80	2,720
6	ベッドカバー	4,300	130	4,170
7	敷布団パッド	2,500	80	2,420
8	ピローケース	1,850	60	1,790

C4 =ROUND(B4*$D$1,-1)

＝ROUND（B4＊$D$1,－1）
「B4＊$D$1」（定価×割引率）の計算結果を、一の位で四捨五入する（桁数：－1）。関数をオートフィルでコピーしても割引率のセルD1が参照されるように絶対参照にしている

POINT
「桁数」の指定方法

桁数	数式	結果	対象
2	ROUND(123.456,2)	123.46	小数部分
1	ROUND(123.456,1)	123.5	小数部分
0	ROUND(123.456,0)	123	小数点位置
－1	ROUND(123.456,－1)	120	整数部分
－2	ROUND(123.456,－2)	100	整数部分

数値を切り上げ・切り捨てたい！

切り上げ／切り捨て

桁数を指定して数値を切り上げたいときは、「ROUNDUP」関数を使います。逆に、指定の桁数で数値を切り捨てたいときは、「ROUNDDOWN」関数を使用します。「ROUND」関数（62ページ参照）とセットで覚えておきましょう。

ROUNDUP／ROUNDDOWN関数を使おう

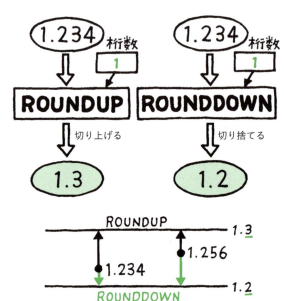

数値を小第1位まで残して 切り上げ／切り捨てする

ラウンド・アップ　　　　　　　　　　　　　　　戻り値 数値

ROUNDUP（数値,桁数）

指定された「桁数」になるように「数値」を切り上げる（「桁数」の指定方法は63ページを参照）。

ラウンド・ダウン　　　　　　　　　　　　　　　戻り値 数値

ROUNDDOWN（数値,桁数）

指定された「桁数」になるように「数値」を切り捨てる（「桁数」の指定方法は63ページを参照）。

ROUNDUP
ラウンド・アップ

ROUNDDOWN
ラウンド・ダウン

▶ROUNDUP関数で、1円未満の端数を切り上げる

	A	B	C	D	E
1	商品価格表				
2	商品名	本体価格	消費税額 （定価×8%）	適用消費税額 （小数点以下 切り上げ）	税込価格
3	ブラジルコーヒー	845	67.6	68	913
4	ハワイアンコーヒー	930	74.4	75	1005
5	コーヒーフィルター	98	7.84	8	106
6	タンブラー	785	62.8	63	848
7	厳選名水	263	21.04	22	285

セル D3: `=ROUNDUP(C3,0)`

= ROUNDUP（C3,0）
消費税額（定価×8%）のセルC3を、小数点以下の桁数が「0」（整数）になるように切り上げる

▶ROUNDDOWN関数で、1円未満の端数を切り捨てる

	A	B	C	D	E
1	商品価格表				
2	商品名	本体価格	消費税額 （定価×8%）	適用消費税額 （小数点以下 切り捨て）	税込価格
3	ブラジルコーヒー	845	67.6	67	912
4	ハワイアンコーヒー	930	74.4	74	1004
5	コーヒーフィルター	98	7.84	7	105
6	タンブラー	785	62.8	62	847
7	厳選名水	263	21.04	21	284

セル D3: `=ROUNDDOWN(C3,0)`

= ROUNDDOWN（C3,0）
消費税額（定価×8%）のセルC3を、小数点以下の桁数が「0」（整数）になるように切り捨てる

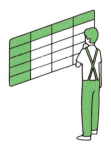

切り捨て

数値を切り捨てて指定した桁数にしたい！

「TRUNC」は、数値を切り捨てて指定した桁数にする関数です。ROUNDDOWN関数と同じ結果が得られますが、小数部を切り捨てて整数にしたいとき、TRUNC関数では桁数の指定を省略できる点が異なります。

TRUNC関数を使おう

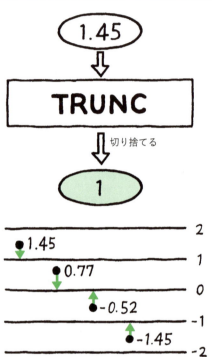

数値の小数部を切り捨てる。数値がマイナスならゼロに近い値に丸める

トランク　　　　　　　　　　　　　　　戻り値 数値

TRUNC (数値[,桁数])

指定された「桁数」になるように「数値」を切り捨てる。「桁数」を省略すると整数になるように小数点以下を切り捨てる。

桁数	対象
1	小数第2位を切り捨て
0または省略	小数第1位を切り捨て
-1	整数部第1位を切り捨て

TRUNC
トランク

▶ TRUNC関数で、大きい数字を万単位の概数にする

	C3	▼	f_x =TRUNC(B3/10000)	
	A	B	C	D
1	関東1都3県人口			
2	都道府県	人口（実数）	人口概数（単位：万人）	
3	東京	12,576,601	1,257	
4	神奈川	8,791,597	879	
5	埼玉	7,054,243	705	
6	千葉	6,056,462	605	
7				
8				
9				
10				

= TRUNC（B3/10000）
人口のセルB3の値を10000で割り、結果の小数点以下を切り捨てて万単位の概数を求める

▶ 指定金額に必要な枚数を金種ごとに求める

	B4	▼	f_x =TRUNC(B3/$A$4)			
	A	B	C	D	E	F
1	金種計算					
2	金種	1班	2班	3班	合計	
3		¥23,564	¥14,239	¥8,670	¥46,473	
4	¥10,000	2	1	0	3	
5	¥5,000	0	0	1	1	
6	¥1,000	3	4	3	10	
7	¥500	1	0	1	2	
8	¥100	0	2	1	3	
9	¥50	1	0	1	2	
10	¥10	1	3	2	6	
11	¥5	0	1	0	1	
12	¥1	4	4	0	8	

= TRUNC（B3/$A$4）
必要金額のセルB3をセルA4の10000で割り、端数を切り捨てて一万円札の必要枚数を求める

= TRUNC（MOD（B$3,$A4）/$A5）
五千円の必要枚数は、MOD関数でセルB3の必要金額を上位の金種（一万円札）で割った余りを求め、その余りを5000で割った結果の端数を切り捨てる。千円札以降も同様の計算で求められる

MOD：数値を除数で割った余りを求める（70ページ参照）

切り捨て
元の値を超えない最大の整数を求めるには？

「INT」は、数値の小数部を切り捨てて整数化する関数です。数値がマイナスのとき、TRUNC関数（66ページ参照）はより0に近い値に数値を丸めますが、INT関数はより小さい数値に丸めるという違いがあります。

INT関数を使おう

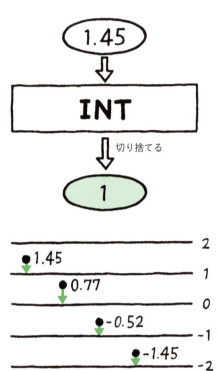

元の値を超えない整数に丸める

インテジャー　　　　　　　　　　　　　　　　　戻り値 数値
INT（数値）
指定した「数値」を超えない最大の整数を求める。

INT
インテジャー

▶INT関数とTRUNC関数の違いを理解する

=INT(A2)
元の値のセルA2の小数部を切り捨てて整数化する

	A	B	C
1	元の値	TRUNC	INT
2	12.25	12	12
3	1.45	1	1
4	0.77	0	0
5	-0.52	0	-1
6	-1.45	-1	-2

=TRUNC(A2)
元の値のセルA2の小数部を切り捨てて整数化する

マイナスの数値を指定したとき、TRUNC関数はより0に近い数値に丸めるが、INT関数は元の値より小さい最大の整数を返す

▶購入金額を元に会員の獲得ポイント数を求める

E3: `=IFERROR(INT(D3/500),"")`

	A	B	C	D	E
1	顧客別売上表				(¥500で1ポイント)
2	顧客名	今年度購入金額	ポイント会員（登録日）	ポイント対象金額	獲得ポイント数
3	山崎 朱美	¥125,950	2011/04/18	¥125,950	251
4	坂口 恭子	¥65,730		非会員	
5	小泉 久美子	¥10,560	2012/06/24	¥10,560	21
6	君島 悠子	¥114,780	2012/12/23	¥114,780	229
7	篠山 未来	¥78,690	2013/09/05	¥78,690	157
8	木下 依子	¥84,950		非会員	

=IF(C3<>"",B3,"非会員")
ポイント対象金額を計算する。登録日のセルC3が「""」（空白）でなければ、購入金額のセルB3を表示し、セルC3が空白なら「非会員」を表示する

=IFERROR(INT(D3/500),"")
ポイント対象金額のセルD3を500で割り、INT関数で端数を切り捨ててポイント数を求める。ポイント対象金額のセルが「非会員」（文字列）で、INT関数の結果がエラーになるときは、IFERROR関数で「""」（空白）を表示する

IF：条件で処理を振り分ける（150ページ参照）／**IFERROR**：結果がエラーなら別の処理を行う（158ページ参照）

割り算/余り

割り算の結果の整数部や余りを求めるには？

QUOTIENT ／ MOD 関数を使おう

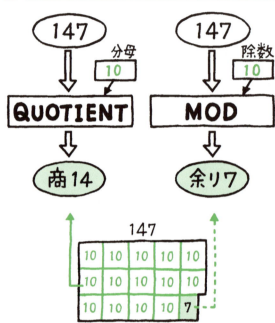

QUOTIENT関数で商、MOD関数で余りを求める

クオーシェント　　　　　　　　　　　　　　　　　　　　　戻り値 数値

QUOTIENT（**分子,分母**）

「分子」を「分母」で割ったときの商の整数部分を求める。

モッド　　　　　　　　　　　　　　　　　　　　　　　　　戻り値 数値

MOD（**数値,除数**）

「数値」を「除数」で割ったときの余りを計算する。

割り算の結果から、整数部分を求めるには「QUOTIENT」関数を、余りを求めるには「MOD」関数を使います。例えば、商品の在庫数から出荷可能なケース数を求めたり、出荷後の在庫数を求めたいときに使えます。

70

QUOTIENT / MOD

クオーシェント / モッド

▶QUOTIENT関数で、出荷可能なケース数を求める

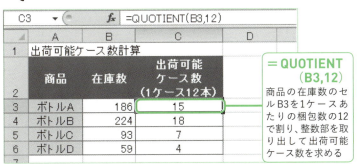

C3 =QUOTIENT(B3,12)

	A	B	C
1	出荷可能ケース数計算		
2	商品	在庫数	出荷可能ケース数（1ケース12本）
3	ボトルA	186	15
4	ボトルB	224	18
5	ボトルC	93	7
6	ボトルD	59	4

=QUOTIENT(B3,12)
商品の在庫数のセルB3を1ケースあたりの梱包数の12で割り、整数部を取り出して出荷可能ケース数を求める

▶MOD関数で、出荷後の商品残数を求める

D3 =MOD(B3,12)

	A	B	C	D
1	出荷可能ケース数計算			
2	商品	在庫数	出荷可能ケース数（1ケース12本）	残数
3	ボトルA	186	15	6
4	ボトルB	224	18	8
5	ボトルC	93	7	9
6	ボトルD	59	4	11

=MOD(B3,12)
商品の在庫数のセルB3を1ケースあたりの梱包数の12で割り、余りを取り出して出荷後の商品残数を求める

POINT

小数部を切り捨ててケース数を求める

上の一つめの作例ではQUOTIENT関数でケース数を求めていますが、INT関数やTRUNC関数で求めることもできます。例えば、INT関数の場合は「=INT(B3/12)」として、在庫数のセルB3を12で割り、結果の小数部を切り捨てます。

COLUMN

数値の合計や平均を一瞬で確認する！

データの合計や平均は、関数や数式を使って求めなくても、画面下のステータスバーで確認できます。さらに、ステータスバーのユーザー設定で最大値や最小値、数値の個数といった集計値を表示させることも可能です。

●集計範囲を選択して、ステータスバーを確認する

❶集計したいセル範囲を選択すると、❷ステータスバーに合計や平均が表示されます。

●ステータスバーの集計項目を変更する

❶ステータスバーを右クリックして、❷メニューでステータスバーに表示したい項目をクリックしてチェックを入れます。

第 **3** 章

集計や統計を行う関数

売上低下の原因はどこだ？
数字が見えれば策が決まる！

数値の平均値を求めるには？

平均

AVERAGE／AVERAGEA関数を使おう

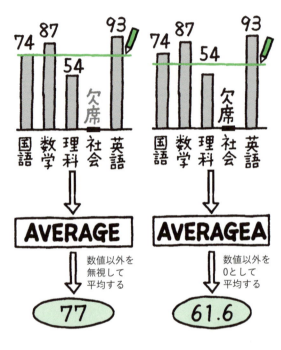

数値の平均値を求めるには、「AVERAGE」関数や「AVERAGEA」関数を使います。AVERAGE関数は、数値のみを対象に平均を出します。一方、AVERAGEA関数は数値以外の値も母数に含めて平均を出します。

アベレージ 戻り値 数値

AVERAGE（数値1 [, 数値2, …]）

「数値」で指定した数値やセル範囲に含まれる数値を平均する。数値以外の値は無視される。

アベレージ・エー 戻り値 数値

AVERAGEA（値1 [, 値2, …]）

「値」で指定した数値やセル範囲に含まれる数値を平均する。数値以外の値も母数に含めて平均を出すが、空白セルは無視される。

AVERAGE / AVERAGEA
アベレージ　アベレージ・エー

▶ AVERAGE関数で、成績表の平均点を求める

	A	B
	B12	=AVERAGE(B3:B11)
1	夏季考査成績表	
2	氏名	合計点数
3	下村繁明	254
4	中川静美	184
5	細倉幸	217
6	古谷文明	227
7	堀田勇	157
8	村上寿一	205
9	山添珠恵	欠席
10	久野美帆	177
11	酒田千佳	289
12	平均	213.75

=AVERAGE(B3:B11)
セルB3～B11に含まれる数値の平均を求める。文字列のセルB9は無視されて、8個のセルの平均値が計算される

▶ AVERAGEA関数で、欠席者も含めて平均する

	A	B
	B12	=AVERAGEA(B3:B11)
1	夏季考査成績表	
2	氏名	合計点数
3	下村繁明	254
4	中川静美	184
5	細倉幸	217
6	古谷文明	227
7	堀田勇	157
8	村上寿一	205
9	山添珠恵	欠席
10	久野美帆	177
11	酒田千佳	289
12	平均	190

=AVERAGEA(B3:B11)
セルB3～B11に含まれる値の平均を求める。文字列のセルB9は0とみなされて、9個のセルの平均値が計算される

条件で平均

条件を満たす数値の平均を求めたい！

条件を満たす数値の平均を求めたいときは「AVERAGEIF」関数を使います。指定できる条件は一つのみです。集計表から特定の項目の平均値を求めたり、名簿から男女別の平均年齢を求めたりすることができます。

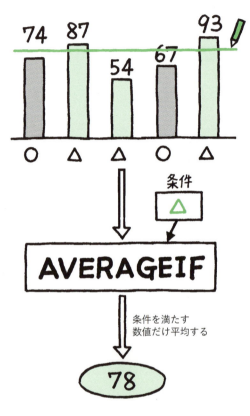

AVERAGEIF関数を使おう

アベレージ・イフ　　　　　　　　　　　　　　戻り値 数値

AVERAGEIF（範囲, 検索条件[, 平均対象範囲]）
「範囲」の中から「検索条件」に一致するデータを検索し、検索結果に対応する「平均対象範囲」の数値を平均する。「平均対象範囲」を省略すると「範囲」の数値を平均する。

AVERAGEIF
アベレージ・イフ

▶AVERAGEIF関数で、ランチの平均注文数を求める

	A	B	C	D	E	F	G	H
1	オーダー集計							
2	伝票No.	メニュー	注文数	単価	金額		平均オーダー数	
3	000001	日替わり	3	750	2,250		日替わり	2
4	000002	定番A	1	700	700			
5	000003	日替わり	2	750	1,500			
6	000003	定番B	3	800	2,400			
7	000003	定番A	1	700	700			
8	000004	日替わり	2	750	1,500			
9	000004	定番A	2	700	1,400			
10	000005	定番A	4	700	2,800			

セルH3: =AVERAGEIF(B3:B10,G3,C3:C10)

= AVERAGEIF(B3:B10,G3,C3:C10)
メニューのセルB3～B10内で、セルG3(日替わり)を探し、一致する行の注文数のセルC3～C10にある数値を平均する

▶施設の平均利用年齢を男女別に求める

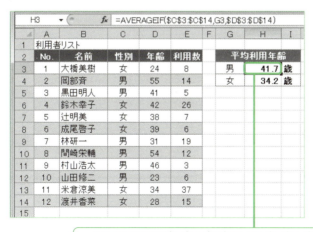

= AVERAGEIF($C$3:$C$14,G3,$D$3:$D$14)
性別のセルC3～C14内で、セルG3の値(男)を探し、一致する行の年齢のセルD3～D14の値を平均する

複数の条件を満たす数値を平均するには?

複数条件で平均

「AVERAGEIF」関数（76ページ参照）では条件が一つでしたが、「AVERAGEIFS」関数を使うと複数の条件を同時に満たす数値を平均できます。例えば、「関東在住」の「男性」の平均客単価を求めるといったことが可能です。

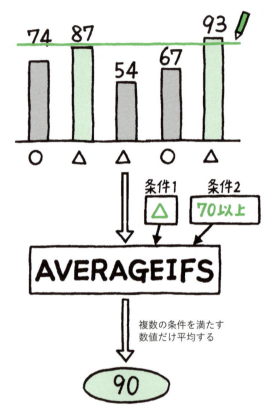

AVERAGEIFS関数を使おう

複数の条件を満たす数値だけ平均する

アベレージ・イフズ　　　　　　　　　　戻り値 数値

AVERAGEIFS
（平均対象範囲,条件範囲1,条件1[,条件範囲2,条件2,…]）

「条件範囲」の中から「条件」に一致するデータを検索し、検索結果に対応する「平均対象範囲」の数値を平均する。

AVERAGEIFS
アベレージ・イフズ

3

集計や統計を行う関数

▶AVERAGEIFS関数で、地区別・性別の平均を求める

| G4 | ▼ | | *fx* | =AVERAGEIFS(E3:E10,B3:B10,"関東",C3:C10,"男") | | | | |

	A	B	C	D	E	F	G	H	I
1	お中元意識調査								
2	No.	地区	性別	年齢	購入単価		関東地区男性の		
							平均購入単価		
3	1	関東	男	42	4,500		4,750		
4	2	関東	女	28	3,000				
5	3	関西	女	35	5,000				
6	4	中部	男	30	4,000				
7	5	関西	女	24	3,500				
8	6	中部	男	49	5,000				
9	7	関西	女	23	2,500				
10	8	関東	男	50	5,000				
11									

=AVERAGEIFS
(E3:E10,B3:B10," 関東 ",
**　　　　C3:C10," 男 ")**

地区のセルB3〜B10内で「関東」を、性別のセルC3〜C10内で「男」を探し、両方の条件に一致する行の購入単価のセルE3〜E10にある数値を平均する

▶弁当の種類ごとに、昼と夜の平均注文数を求める

| H3 | ▼ | | *fx* | =AVERAGEIFS($E$3:$E$20,$C$3:$C$20,$G3,$B$3:$B$20,H$2) | | | | |

	A	B	C	D	E	F	G	H	I
1	デリバリー弁当注文集計						平均注文数		
2	注文日	時間帯	種別	単価	数量			昼	夜
3	6/3(火)	昼	洋風弁当	700	6		洋風弁当	9	2
4	6/3(火)	昼	和風弁当	750	3		和風弁当	5	5
5	6/3(火)	夜	中華弁当	900	1		中華弁当	6	3
6	6/4(水)	昼	丼物	700	6		丼物	7	2
7	6/4(水)	夜	和風弁当	750	5				
8	6/4(水)	昼	洋風弁当	700	15				
9	6/4(水)	昼	洋風弁当	750	8				
10	6/4(水)	夜	和風弁当	750	10				
11	6/7(土)	昼	中華弁当	850	5				
12	6/9(月)	夜	丼物	800	2				
13	6/9(月)	昼	洋風弁当	750	5				
14	6/10(火)	昼	和風弁当	750	7				
15	6/10(火)	昼	丼物	700	8				
16	6/10(火)	夜	中華弁当	700	3				
17	6/11(水)	昼	洋風弁当	700	12				
18	6/11(水)	昼	和風弁当	900	6				
19	6/11(水)	昼	中華弁当	850	7				
20	6/11(水)	夜	洋風弁当	750	2				
21									

=AVERAGEIFS
($E$3:$E$20,
**　$C$3:$C$20,$G3,**
**　$B$3:$B$20,H$2)**

種別のセルC3〜C20でセルG3(洋風弁当)を、時間帯のセルB3〜B20でセルH2(昼)を探し、両方の条件に一致する行の数量のセルE3〜E20にある数値を平均する。種別の条件(セルG3)を行固定の複合参照に、時間帯の条件(セルH2)を行固定の複合参照にすることで、オートフィルで関数をコピーしたときに参照先がずれないようにしている

79

数値や空白のセルを数えたい！

セルのカウント

セル範囲内の数値の個数を求めたいときは、「COUNT」関数を使います。一方、「COUNTBLANK」関数を使うと、空白のセルの個数を数えられます。これらの関数は、出席者や欠席者などの人数を求める場合に利用できます。

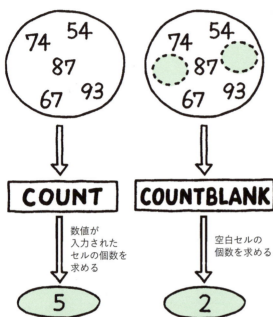

COUNT／COUNTBLANK関数を使おう

カウント　　　　　　　　　　　　　　　　戻り値 数値

COUNT（値1[, 値2,…]）
「値」で指定したセル範囲内の数値のセルを数える。

カウント・ブランク　　　　　　　　　　　戻り値 数値

COUNTBLANK（範囲）
「範囲」で指定したセル範囲内の空白のセルを数える。

COUNT COUNTBLANK
カウント　　カウント・ブランク

3
集計や統計を行う関数

▶ COUNT 関数で、勤務表の人数を求める

| B2 | ▼ | fx | =COUNT(A4:A12) |

	A	B	C	D	E	F
1	GW臨時アルバイト勤務日程					
2	雇用	9名				
3	ID	名前	勤務日			
4	100	黒坂真琴	5/1(日)～5/5(木)			
5	101	柿本敏哉	4/29(金)～5/6(金)			
6	102	滝川洋太郎	4/30(土)～5/8(日)			
7	103	殿村由加	5/1(日)～5/8(日)			
8	104	桑本京美	5/1(日)～5/5(木)			
9	105	鈴江栄次	5/3(火)～5/7(土)			
10	106	平松孝司	4/30(土)～5/5(木)			
11	107	武井嵐	4/30(土)～5/8(日)			
12	108	倉橋茉央	4/30(土)～5/8(日)			

= COUNT(A4:A12)
IDのセルA4～A12に含まれる数値の個数を求める。単位の「名」は、ユーザー定義の表示形式を設定して表示している(34ページ参照)

▶ COUNTBLANK 関数で、会場の空き室数を求める

| F3 | ▼ | fx | =COUNTBLANK(C3:E3) |

	A	B	C	D	E	F
1	会場別空き室状況					
2	利用可能日	会場名	A	B	C	空室
3	9月3日	黄燐文化会館	●		●	1
4	9月3日	寿城内ホール	●			2
5	9月3日	南第一公会堂	●	●	●	0
6	9月4日	はやぶさ東センター		●	●	1
7	9月4日	南第一公会堂	不可			2
8	9月10日	黄燐文化会館			●	3
9	9月11日	黄燐文化会館	●	●		1
10	9月11日	寿城内ホール			不可	2
11	9月11日	喜夢山パレス				3
12	9月11日	玉桜文化センター		不可	●	1

= COUNTBLANK(C3:E3)
室名(A～C)のセルC3～E3に含まれる空白セルの個数を求める

81

条件でカウント

条件を満たすセルの個数を求めるには？

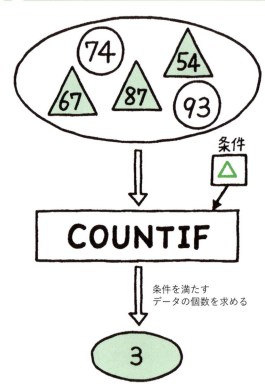

COUNTIF関数を使おう

条件を満たす
データの個数を求める

カウント・イフ　　　　　　　　　　　　　　　　　戻り値 数値

COUNTIF（範囲,検索条件）
「範囲」の中から、「検索条件」に一致するデータのセルの個数を求める。

条件を満たすセルの個数を調べるには、「COUNTIF」関数を使います。COUNTIF関数で指定できる条件は一つのみです。例えば、特定の項目の出現回数を求めたり、目的の条件をクリアした人数などを数えることができます。

COUNTIF
カウント・イフ

▶COUNTIF関数で、取引先ごとの取引件数を求める

	A	B	C	D	E	F	G
1	2012年度取引先売上実績						
2	売上月	売上日	取引先	売上金額		取引先	取引回数
3	5月	2012/5/8	東三乃麗	159,960		東三乃麗	4
4	5月	2012/5/11	オート学研	277,300		オート学研	3
5	5月	2012/5/15	東三乃麗	363,030		若緑が丘	2
6	5月	2012/5/16	若緑が丘	199,290		新春一	1
7	5月	2012/5/23	若緑が丘	499,770			
8	5月	2012/5/30	東三乃麗	286,660			
9	6月	2012/6/1	新春一	589,730			
10	6月	2012/6/5	オート学研	322,280			
11	6月	2012/6/6	オート学研	116,890			
12	6月	2012/6/8	東三乃麗	289,270			

G3: `=COUNTIF($C$3:$C$12,F3)`

= COUNTIF($C$3:$C$12,F3)
取引先のセルC3～C12内で、セルF3(東三乃麗)を探し、条件に一致するセルの数を求める。オートフィルで連続コピーできるよう、取引先のセル範囲は絶対参照で指定している

▶販売目標を達成した人数を求める

	A	B
1	インポートショップ販売実績	
2	販売目標額	1,500,000
3	目標達成者	4名
4		
5	販売員	販売実績
6	上岡真菜	1,254,720
7	坂谷雄也	721,500
8	辰巳佳代	2,387,640
9	崎村美奈代	1,547,800
10	永井孝	908,770
11	鳩山健太	3,647,500
12	福岡佐智	1,032,690
13	真木蓉子	589,740
14	松原明憲	1,734,680
15	山野彩	887,950

B3: `=COUNTIF(B6:B15,">="&B2)`

= COUNTIF(B6:B15,">=" & B2)
販売実績のセルB6～B15で、セルB2(1500000)以上のセルの数を求める。単位の「名」は、ユーザー定義の表示形式を設定して表示している(34ページ参照)

POINT

比較演算子とセルを「&」でつなぐ

上の作例では、セルアドレスと比較演算子を文字列演算子の「&」を使って連結して、「セルB2の値以上」(">="&B2)という条件を指定しています。比較演算子を指定するときは、"（ダブルクォーテーション）で囲みます。

複数の条件を満たすセルの個数を求めたい！

複数条件でカウント

COUNTIFS関数を使おう

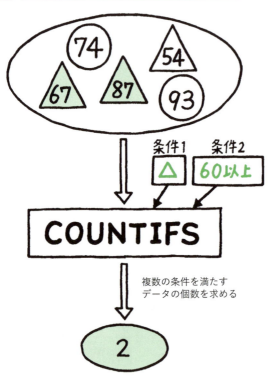

複数の条件を満たすデータの個数を求める

複数の条件を満たすセルの個数を求めるには、「COUNTIFS」関数を利用します。カウントされるのは、指定したすべての条件を満たすセルになります。複数の項目を条件に、件数や人数を求める場合に利用できます。

カウント・イフズ　　　　　　　　　　　　戻り値 数値

COUNTIFS
(検索条件範囲1, 検索条件1 [, 検索条件範囲2, 検索条件2, …])
「条件範囲」の中から「条件」に一致するデータを検索し、検索結果に対応する「平均対象範囲」の数値を平均する。

・イフズ

▶ COUNTIFS関数で、月別・取引先別の件数を求める

	A	B	C	D	E	F	G	H
1	2012年度取引先売上実績							
2	売上月	売上日	取引先	売上金額		取引先	6月取引	
3	5月	2012/5/8	東三乃麗	159,960		東三乃麗	2	
4	5月	2012/5/11	オート学研	277,300		オート学研	2	
5	5月	2012/5/15	東三乃麗	363,030		若緑が丘	0	
6	5月	2012/5/16	若緑が丘	199,290		新春一	1	
7	5月	2012/5/23	若緑が丘	499,770				
8	6月	2012/5/30	東三乃麗	286,660				
9	6月	2012/6/1	新春一	589,730				
10	6月	2012/6/5	オート学研	322,280				
11	6月	2012/6/6	オート学研	116,890				
12	6月	2012/6/8	東三乃麗	289,270				

= COUNTIFS($C$3:$C$12,F3,$A$3:$A12,"6月")
取引先のセルC3～C12でセルF3（東三乃麗）を、売上月のセルA3～A12内で「6月」を探し、両方の条件に一致するセルの数を求める

▶ 月別の問い合せ件数を、受付区分別に求める

= COUNTIFS($B$3:$B$17, $F$4,$D$3:$D$17,G$3)
受付区分のセルB3～B17でセルF4（問合せ）を、月のセルD3～D17でセルG3（6）を探し、両方の条件に一致するセルの数を求める

= MONTH(A3)
受付日のセルA3の日付から月を取り出す。この作例では、COUNTIFS関数で条件を指定しやすいように、MONTH関数で月の列を作成している

MONTH：日付から月を取り出す（104ページ参照）

LARGE／SMALL関数を使おう

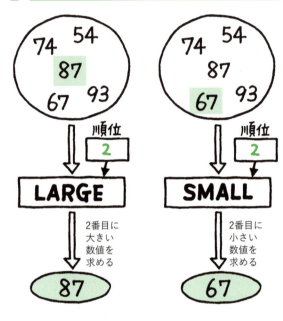

ラージ　　　　　　　　　　　　　　　　　　　　　戻り値 数値
LARGE（範囲, 順位）
「範囲」で指定したセル範囲から、大きい順に数えた「順位」にある数値を求める。

スモール　　　　　　　　　　　　　　　　　　　　戻り値 数値
SMALL（範囲, 順位）
「範囲」で指定したセル範囲から、小さい順に数えた「順位」にある数値を求める。

した順位の値をるには？

特定のデータの中から指定した「順位」にある値を求めるには、「LARGE」関数または「SMALL」関数を使います。順位を大きい順（降順）で指定するときはLARGEを、小さい順（昇順）で指定するときはSMALLを利用します。

▶ LARGE関数で、1位〜3位の成績を求める

F4		ƒx	=LARGE($B$3:$B$12,E4)			
	A	B	C	D	E	F	G
1	社内競技会						
2	部署	成績	参加氏名		競技結果		
3	経理	1254	江口香織			成績	氏名
4	経理	651	富永真央		1位	2572	長谷部史也
5	営業	877	栗原明高		2位	1968	花本仁
6	営業	2572	長谷部史也		3位	1267	岡山寛人
7	営業	982	湯川良雄				
8	開発	794	笠元葉子				
9	開発	1968	花本仁				
10	開発	1267	岡山寛人				
11	システム	574	長尾昌彦				
12	システム	678	市川卓也				

=LARGE($B$3:$B$12,E4)
成績のセルB3〜B12で、大きい順からセルE4（1）の順位にある数値を求める。セルE4〜E6の値が数値として参照できるよう、単位の「位」は、ユーザー定義の表示形式を設定して表示している（34ページ参照）

▶ SMALL関数で、優勝者のタイムを求める

C3		ƒx	=SMALL(B6:B15,1)
	A	B	C	D
1	スピード競技/1000m			
2				
3	優勝者	酒田幸市	01:09.05	
4				
5	出場者氏名	記録		
6	栗津亮平	01:10.52		
7	亀井修	01:12.03		
8	酒田幸市	01:09.05		
9	谷内研二郎	01:15.68		
10	永田勇一	01:10.27		
11	花木芳春	01:11.89		
12	福本孝司	01:13.04		
13	光山寛	01:12.39		
14	湯川陽大	01:11.46		
15	米山一之	01:10.44		
16				

=SMALL(B6:B15,1)
記録のセルB6〜B15内で、小さい順から「1」番目にある数値を求める

最大値／最小値

数値の最大値・最小値を求めるには？

指定した数値やセル範囲の中から最大値を求めるには「MAX」関数を、最小値を求めるには「MIN」関数を使います。連続したセル範囲だけでなく、複数の離れたセル範囲の中から、最大値／最小値を見つけたい場合にも使えます。

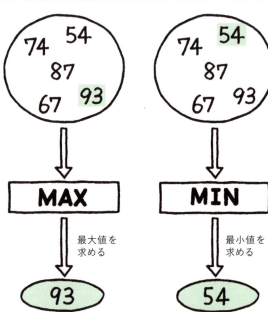

MAX／MIN関数を使おう

マックス   戻り値 数値

MAX（数値1[, 数値2, …]）
「数値」で指定した数値のうち、最大値を求める。

ミニマム   戻り値 数値

MIN（数値1[, 数値2, …]）
「数値」で指定した数値のうち、最小値を求める。

▶ MAX／MIN関数で、販売数の最大値／最小値を求める

	A	B	C	D	E	F	G
1	店舗別商品売上数量						
2	店舗	商品	数量		店舗	商品	数量
3	新宿店	Aセット	12		品川店	Aセット	5
4		Bセット	4			Bセット	12
5		合計	16			合計	17
6							
7	店舗	商品	数量		店舗	商品	数量
8	目黒店	Aセット	9		池袋店	Aセット	8
9		Bセット	8			Bセット	15
10		合計	17			合計	23
11							
12	最大販売数		23				
13	最小販売数		16				

＝MIN(C5,G5,C10,G10)
四店舗の合計のセルC5、G5、C10、G10から最小値を求める

＝MAX(C5,G5,C10,G10)
四店舗の合計のセルC5、G5、C10、G10から最大値を求める

▶ MAX関数で、ネットカフェの利用料金を求める

15分間の利用料金が150円のネットカフェで、利用料金を求めます。利用時間から計算した料金と、基本料金を比較し、大きい方を適用します。

＝MAX(D5/"0:15"＊$C$2,$E$2)
「D5/"0:15"＊$C$2」(利用時間÷15分×150円)の計算結果と、セルE2(600円)のうち、最大値を求める。引数に時間を指定する際は「"」で囲む

	A	B	C	D	E
1	ネットカフェ利用料金計算表				
2	15分毎の利用料金		150	基本料金	600
3					
4	NO	開始時間	終了時間	利用時間	利用料金
5	1	10:06	11:49	1:45	1,050
6	2	13:20	14:03	0:45	600
7	3	14:05	15:21	1:30	900

＝CEILING(C5−B5,"0:15")
CEILING関数で、実時間(C5−B5)を15分単位で切り上げて、計算用の利用時間を求める

CEILIING：基準値の倍数になるように数値を切り上げる(58ページ参照)

数値から順位を求めるには？

値から順位

数値が全体の中で何番目に位置するかを調べるには、「RANK.EQ」関数を使います。順位は大きい順、小さい順のどちらでも求められます。同じ数値が複数あるときに、平均順位を求めたい場合は、「RANK.AVG」関数を使います。

RANK.EQ／RANK.AVG関数を使おう

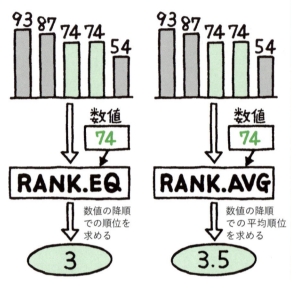

ランク・イコール　　　　　　　　　　　　　　　戻り値 数値

RANK.EQ （数値, 範囲 [, 順序]）

「順序」に従って「範囲」内の値を並べ替えたとき、「数値」が何番目に位置するかを調べる。「順序」は右表のように指定する。Excel 2007ではRANK関数を使う。

順序	並び順
0または省略	降順（大きい順）
1	昇順（小さい順）

ランク・アベレージ　　　　　　　　　　　　　　戻り値 数値

RANK.AVG （数値, 範囲 [, 順序]）

「順序」に従って「範囲」内の値を並べ替えたときの、「数値」の平均順位を求める。例えば、2番目の値が二つある（2位と3位の数値が同じ）ときは2.5（2と3の平均値）になる。「順序」の指定方法はRANG.EQと同じ。Excel2007では利用できない。

RANK.EQ | RANK.AVG
ランク・イコール　ランク・アベレージ

▶RANK.EQ関数で、成績の順位を求める

	A	B	C
1	夏季考査成績表		
2	氏名	合計点数	順位
3	下村繁明	254	2
4	中川静美	184	6
5	細倉幸	217	4
6	古谷文明	227	3
7	堀田勇	157	9
8	村上寿一	205	5
9	山添珠恵	184	6
10	久野美帆	177	8
11	酒田千佳	289	1

= RANK.EQ(B3,$B$3:$B$11,0)
合計点数のセルB3〜B11で、セルB3(254)の順位を、指定の並び順(0:降順)で求める

6番目が二人のときはどちらの順位も「6」になる

▶RANK.AVG関数で、成績の平均順位を求める

	A	B	C
1	夏季考査成績表		
2	氏名	合計点数	順位
3	下村繁明	254	2
4	中川静美	184	6.5
5	細倉幸	217	4
6	古谷文明	227	3
7	堀田勇	157	9
8	村上寿一	205	5
9	山添珠恵	184	6.5
10	久野美帆	177	8
11	酒田千佳	289	1

= RANK.AVG(B3,$B$3:$B$11,0)
合計点数のセルB3〜B11で、セルB3(254)の平均順位を、指定の並び順(0:降順)で求める

6番目が二人のときは平均順位が「6.5」になる

標準偏差

母集団の標準偏差を求めたい！

偏差値とは、あるデータが全体の中でどれくらいの位置にあるかを示す値です。Excelには偏差値を求める関数はないので、「標準偏差」（データのばらつき具合を表す値）を「STDEV.P」関数で求めて、それを元に計算します。

STDEV.P関数を使おう

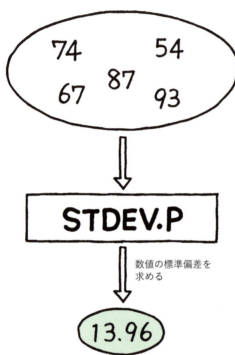

数値の標準偏差を求める

13.96

スタンダード・ディビエーション・ピー　　　　　　　戻り値 数値

STDEV.P（数値1[, 数値2, …]）
「数値」で指定した母集団のデータを元に標準偏差を求める。
Excel2007ではSTDEVP関数を使う。

STDEV.P
スタンダード・ディビエーション・ピー

3 集計や統計を行う関数

▶STDEV.P関数で、標準偏差を求める

H3	▼	f_x	=STDEV.P(E3:E8)				
	A	B	C	D	E	F	G	H

	A	B	C	D	E	F	G	H
1	3教科成績表						
2	氏名	数学	英語	国語	合計点	偏差値	標準偏差
3	下村繁明	88	94	72	254	65.09	30.93
4	中川静美	64	31	89	184	42.46	
5	細倉幸	93	60	64	217	53.12	
6	古谷文明	79	100	48	227	56.36	
7	堀田勇	39	49	69	157	33.73	
8	村上寿一	63	60	82	205	49.25	
9	平均点	71	65.7	70.7	207.3		

＝STDEV.P（E3：E8）
合計点のセルE3〜E8から母集団の標準偏差を求める

▶標準偏差を元に偏差値を求める

H3	▼	f_x	=STDEV.P(E3:E8)				
	A	B	C	D	E	F	G	H

	A	B	C	D	E	F	G	H
1	3教科成績表						
2	氏名	数学	英語	国語	合計点	偏差値	標準偏差
3	下村繁明	88	94	72	254	65.09	30.93
4	中川静美	64	31	89	184	42.46	
5	細倉幸	93	60	64	217	53.12	
6	古谷文明	79	100	48	227	56.36	
7	堀田勇	39	49	69	157	33.73	
8	村上寿一	63	60	82	205	49.25	
9	平均点	71	65.7	70.7	207.3		
10							
11							

＝（E3－ $E$9）/$H$3＊10＋50
合計点のセルE3と平均点のセルE9、標準偏差のセルH3の値から偏差値を求める

POINT

偏差値の求め方

偏差値は、以下の計算式で求めることができます。

偏差値＝（得点－平均点）÷ 標準偏差 ×10＋50

偏差値では、50が全体の中心の値となり、40〜60の範囲に全データの約68%が、30〜70の範囲に約95%が分布します。

STDEV.P関数は、対象となる集団の全データを元にして標準偏差を求める関数です。アンケート調査のように、対象となる集団の一部（標本）のデータを元に標準偏差を求めるときは、STDEV.S関数（Excel2007ではSTDEV関数）を利用します。

条件で合計

条件を表で指定して数値を合計したい!

「DSUM」関数を使うと、複雑な条件を指定して表から合致するデータを探し、合計を求めることができます。条件は、セル範囲に直接入力し、AND条件（AかつB）やOR条件（AまたはB）を組み合わせた指定もできます。

DSUM関数を使おう

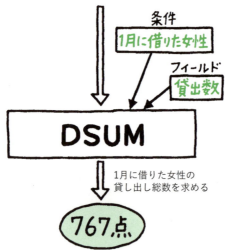

ディー・サム　　　　　　　　　　　　　　　　戻り値 数値

DSUM（データベース, フィールド, 条件）
「データベース」で指定した表の中から「条件」に一致するデータを探し、「フィールド」で指定した列にある数値を合計する

DSUM
ディー・サム

▶ DSUM関数で、回答数を複数条件で合計する

	A	B	C	D	E	F	G	H	I
1	口紅の好みの色								
2	○アンケート回答						条件		
3	No	年齢	赤	ローズ	ピンク		年齢	年齢	
4	1	24	7	3	8		>=30	<35	
5	2	24	6	7	9				
6	3	28	8	5	6		集計結果		
7	4	32	7	8	3		赤	ローズ	ピンク
8	5	29	4	6	9		23	22	13
9	6	24	9	10	9				
10	7	31	7	8	5				
11	8	34	6	6	5				
12	9	27	8	7	4				
13	10	28	6	5	3				

G8: `=DSUM(A3:E13,C3,G3:H4)`

= DSUM(A3:E13,C3,G3:H4)
アンケート回答表のセルA3～E13で、条件のセルG3～H4(年齢が30以上かつ35未満)に一致するデータを探し、同じ行のセルC3(赤)の列にある数値を合計する

POINT

データベース関数のしくみ

「DSUM」など関数名の頭に「D」がついた関数は「データベース関数」と呼ばれます。文字どおりデータベースを扱う関数で、「レコード」(1件=1行分のデータ)と「フィールド」(列見出しに属するデータ)で構成された表のデータを集計することができます。データベース関数は、この表から条件に一致するデータを探し出し、指定した列にある数値を集計します。「データベース」(集計する表のセル範囲)、「フィールド」(集計する行の列見出しのセルアドレス)、「条件」(条件を記載した表のセル範囲)の三つの引数を使い、条件は以下のように指定します。

AND条件(AかつB)

列見出し	列見出し
条件A	条件B
—	—

OR条件(AまたはB)

列見出し	列見出し
条件A	—
—	条件B

AND条件とOR条件の組み合わせ(AかつB、または、CかつD)

列見出し	列見出し	列見出し	列見出し
条件A	条件B	—	—
—	—	条件C	条件D

上の作例では、セル範囲G3～H4によりAND条件を指定し、年齢が30以上かつ35未満の回答データを探している。

条件を満たす数値をカウント・平均したい！

条件でカウント／条件で平均

DCOUNT／DAVERAGE 関数を使おう

図書室の貸出データベース

会員NO	性別	年齢	貸出月	貸出数
:	:	:	:	:
172	男	55	2	6
165	女	11	5	1
:	:	:	:	:

DCOUNT → 6歳以上13歳未満の会員数を求める → **303名**

条件：6歳以上13歳未満　フィールド：会員NO

DAVERAGE → 6点以上借りた男性の平均年齢を求める → **49.4歳**

条件：6点以上借りた男性　フィールド：年齢

指定した列にあるデータを検索し、条件に一致する数値の個数を数えたり、平均したいときは、「DCOUNT」関数や「DAVERAGE」関数が利用できます。DSUM関数（94ページ参照）と同じく、条件はセル範囲に直接入力します。

ディー・カウント　　　　　　　　　　　　戻り値 | 数値

DCOUNT（データベース, フィールド, 条件）

「データベース」で指定した表の中から「条件」に一致するデータを探し、「フィールド」で指定した列にある数値のセルを数える。

ディー・アベレージ　　　　　　　　　　　戻り値 | 数値

DAVERAGE（データベース, フィールド, 条件）

「データベース」で指定した表の中から「条件」に一致するデータを探し、「フィールド」で指定した列にある数値を平均する。

DCOUNT DAVERAGE
ディー・カウント ディー・アベレージ

3

集計や統計を行う関数

▶ DCOUNT 関数で、条件を満たす取引件数を求める

E4	▼	*fx*	=DCOUNT(A7:C13,C7,A3:C4)			
	A	B	C	D	E	F	G
1	2014年度 取引状況					
2	条件				集計結果	
3	売上月	取引先	売上金額		取引回数	
4	6月	東三乃麗	>300000		1	
5						
6	2014年度取引先売上実績					
7	売上月	取引先	売上金額			
8	5月	東三乃麗	159,960			
9	5月	オート学研	277,300			
10	5月	若緑が丘	499,770			
11	6月	東三乃麗	286,660			
12	6月	東三乃麗	465,810			
13	6月	若緑が丘	306,590			
14						

= DCOUNT（A7：C13,C7,A3：C4）
売上実績表のセルA7〜C13で、条件のセルA3〜C4（6月、
東三乃麓、30万円超）に一致するデータを探し、同じ行の
セルC7（売上金額）の列にあるデータの個数を求める

▶ DAVERAGE 関数で、サービスの平均利用数を求める

F4	▼	*fx*	=DAVERAGE(A7:G15,F7,B3:E4)				
	A	B	C	D	E	F	G
1	配送サービス利用状況						
2						平均利用回数	
3	条件：	性別	年齢	年齢	配送区域	特急便	普通便
4		男	>=45	<55	東京都*	5.5	20.5
5							
6	●利用者リスト					利用回数	
7	名前	性別	年齢	配送区域		特急便	普通便
8	大橋美樹	女	24	東京都練馬区高野台		8	34
9	岡部斉	男	55	神奈川県横浜市栄区庄戸		14	34
10	黒田明人	男	45	東京都台東区谷中		5	15
11	鈴木幸子	女	42	千葉県千葉市中央区栄町		26	12
12	辻明美	女	38	神奈川県川崎市幸区戸手		7	22
13	成尾啓子	女	39	東京都江東区白河		6	31
14	林研一	男	31	東京都清瀬市竹丘		14	37
15	間崎栄輔	男	54	東京都墨田区錦糸		6	26
16							
17							
18							

= DAVERAGE（A7：G15,F7,B3：E4）
利用者リストのセルA7〜G15で、条件のセルB3〜E4（男、
45以上55未満、東京都）に一致するデータを探し、セル
F7（特急便）の列にある数値の平均を求める

条件を満たす最大値や最小値を求めるには？

条件で最大値／条件で最小値

DMAX／DMIN関数を使おう

データベース関数の「DMAX」関数を使うと、表から複数の条件を満たす数値を検索して、その中の最大値を求めることができます。同様に、複数の条件を指定して最小値を求めたいときは、「DMIN」関数を利用します。

ディー・マックス 　　　　　　　　　　　　　戻り値 数値

DMAX（データベース, フィールド, 条件）

「データベース」で指定した表の中から「条件」に一致するデータを探し、「フィールド」で指定した列にある数値の最大値を求める。

ディー・ミニマム 　　　　　　　　　　　　　戻り値 数値

DMIN（データベース, フィールド, 条件）

「データベース」で指定した表の中から「条件」に一致するデータを探し、「フィールド」で指定した列にある数値の最小値を求める。

DMAX | DMIN
ディー・マックス | ディー・ミニマム

▶DMAX関数で、男性の最高齢を求める

= DMAX（A3:D13,A3,F3:F4）
アンケート結果のセルA3〜D13で、条件のセルF3〜F4（男）に一致するデータを探し、セルA3（年齢）の列にある数値の最大値を求める

▶DMIN関数で、男性の最年少を求める

= DMIN（A3:D13,A3,F3:F4）
アンケート結果のセルA3〜D13で、条件のセルF3〜F4（男）に一致するデータを探し、セルA3（年齢）の列にある数値の最小値を求める

COLUMN

参照先を変えずに数式をそのままコピーする!

数式が入ったセルをコピーして貼り付けると、セルアドレスが自動調整されます。セルアドレスを固定するには絶対参照（28ページ参照）を使いますが、単に数式を元のセルから別のセルに移動したいだけなら、もっと手軽な方法があります。

●コピー&貼り付けは参照先がずれる

❶「＝A1」と入力されたセルを選択して、「Ctrl + C」キーでコピーします。

❷隣のセルに「Ctrl + V」キーで貼り付けると、参照先が自動調整されて、「＝B1」に変わってしまいます。

●セルの内容を選択してコピーする

❶F2キーを押して数式を表示し、数式を選択して「Ctrl + C」キーでコピーします。

❷隣のセルで「Ctrl +V」キーを押すと、元の数式がそのまま貼り付けられてセルアドレスが変わりません。

第 **4** 章

日付や時刻を扱う関数

納期まであと何日？
ムリな仕事は事前に回避！

現在の日付や時刻を求めたい！

今日の日付／現在の日時

TODAY／NOW関数を使おう

(現在日時)

TODAY

↓ 現在の日付を表示する

2016/9/8

NOW

↓ 現在の日付と時刻を表示する

2016/9/8 9:10

現在の日付を求めたいときは、「TODAY」関数を使います。ファイルを開いたりするたびに日付が更新されるため、請求書などで、今日の日付を表示したいときに便利です。「NOW」関数では、現在の日時を含めて表示できます。

トゥデイ　　　　　　　　　　　　　　　戻り値 シリアル値
TODAY ()
現在の日付を表示する。引数はない。

ナウ　　　　　　　　　　　　　　　　　戻り値 シリアル値
NOW ()
現在の日時を表示する。引数はない。

TODAY / NOW
トゥデイ / ナウ

▶TODAY関数で、請求書に現在の日付を表示する

= TODAY()
現在の日付を表示する

▶NOW関数で、為替表に現在の日時を表示する

= NOW()
現在の日時を表示する

POINT

時刻データだけがほしいときは？

NOW関数で求めたシリアル値には、日付を表す整数部と時刻を表す小数部が含まれていますが、「時刻」の表示形式（32ページ参照）を設定すれば、時刻のみを表示できます。また、セルに「= NOW() − TODAY()」と入力すれば、時刻データだけを得ることもできます。

年／月／日

日付から年・月・日を取り出すには？

YEAR／MONTH／DAY関数を使おう

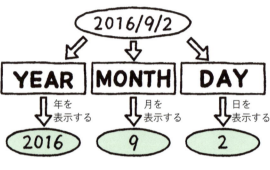

日付のデータから、年／月／日をそれぞれ単独で取り出すには、「YEAR」「MONTH」「DAY」の各関数を使います。例えば、生年月日から生まれた年を求めたいときなど、日付の一部だけが必要な場合に利用できます。

イヤー 戻り値 数値

YEAR（シリアル値）
「シリアル値」で指定した日付から年を取り出す。

マンス 戻り値 数値

MONTH（シリアル値）
「シリアル値」で指定した日付から月を取り出す。

デイ 戻り値 数値

DAY（シリアル値）
「シリアル値」で指定した日付から日を取り出す。

▶YEAR関数で、書類の作成日から年度を求める

	A	B	C	D	E	F
1	商品コード表				作成日	2014/5/17
2						
3	コード	商品名	価格		2014	年度版
4	1001	OA片袖デスク	¥39,800			
5	1002	OA両袖デスク	¥49,800			
6	2001	デスクトップシェルフ	¥12,500			
7	2002	デスクトップパネル	¥14,500			
8	3001	OA肘なしチェア	¥32,600			
9	3002	OA肘付きチェア	¥37,600			

E3: `=YEAR(F1)`

= YEAR(F1)
作成日のセルF1から年だけを取り出して表示する

▶MONTH関数とDAY関数で、割引の月と日を求める

	A	B	C	D
1	誕生日割引			
2	名前	生年月日	半額サービスの月	毎月の割引日
3	麻野 孝彦	1977/12/12	12	12
4	井口 敬一郎	1981/5/3	5	3
5	宇野 恭助	1962/2/8	2	8
6	江川 実	1975/6/29	6	29
7	岡崎 知子	1942/8/21	8	21
8	工藤 佐智子	1991/3/2	3	2
9	園田 祐樹	1969/6/8	6	8
10	鹿野 秀樹	1959/10/16	10	16

C3: `=MONTH(B3)`

= MONTH(B3)
生年月日のセルB3から月だけを取り出して表示する

= DAY(B3)
生年月日のセルB3から日だけを取り出して表示する

日付の作成

年・月・日を指定して日付を作るには？

DATE関数を使おう

数値から日付データを作成する

「年」「月」「日」の数値を組み合わせて日付データを作成するには、「DATE」関数を利用します。それぞれ別のセルに入力されている年、月、日から一つの日付データを作成することで、日数計算などができるようになります。

デイト　　　　　　　　　　　　　　戻り値 シリアル値
DATE（年,月,日）
「年」「月」「日」の三つの数値から日付データを作成する。

106

DATE
デイト

▶ DATE関数で、年、月、日から日付データを作成する

F3	▼	fx	=DATE(C3,D3,E3)			
	A	B	C	D	E	F
1	中途入社社員名簿					
2	氏名	所属	入社年	入社月	入社日	入社年月日
3	門脇 学	営業部	1978	4	1	1978/4/1
4	海老沢 希	販売部	1981	6	5	1981/6/5
5	湯浅 知美	営業部	1982	4	5	1982/4/5
6	山村 悠大	総務部	1989	9	1	1989/9/1
7	斉藤 正輝	制作部	1992	10	26	1992/10/26
8	伊藤 郁	制作部	1995	8	15	1995/8/15
9	安倍 真一	販売部	1998	9	1	1998/9/1
10	仙田 めぐ	総務部	2000	10	1	2000/10/1

= DATE(C3,D3,E3)
入社年のセルC3、入社月のセルD3、入社日のセルE3を組み合わせて日付データを作成する

▶ 今日の日付から翌月15日の支払期限を求める

= DATE(YEAR(F3),MONTH(F3)+1,15)
「YEAR(F3)」(セルF3の年)、「MONTH(F3)+1」(セルF3の月の翌月)、「15」(日)から日付データを作成する

= TODAY()
現在の日付を表示する

DATE関数で「日数が30日の月」に「31日」を指定した場合、日付が自動調整されます。例えば、「=DATE(2014,6,31)」とすると、「2014/7/1」と表示されます。また、「0日」を指定すると前月の月末日が求められます。

日付の作成

○月後の日付や月末日を求めたい！

日付から、指定した月数後や月数前の日付を求めるには、「EDATE」関数を使います。製造日から賞味期限の日付を求めるようなときに便利です。また、「EOMONTH」関数を使うと、指定の月数後／前の月末日を求められます。

EDATE／EOMONTH関数を使おう

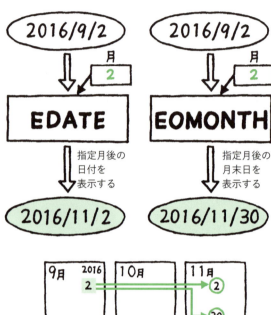

エクスピレーション・デイト 戻り値 シリアル値
EDATE（開始日,月）
「開始日」で指定した日付から「月」で指定した月数前、月数後の日付を求める。

エンド・オブ・マンス 戻り値 シリアル値
EOMONTH（開始日,月）
「開始日」で指定した日付から「月」で指定した月数前、月数後の月末日を求める。

EDATE
エクスピレーション・デイト

EOMONTH
エンド・オブ・マンス

▶EDATE関数で、製造日から賞味期限を求める

D3	▼	fx	=EDATE(B3,C3)	
	A	B	C	D
1	賞味期限記録表			
2	商品名	製造日	保証期間	賞味期限
3	ほっけの開き	2014/1/4	1	2014/2/4
4	真イカ沖漬け	2014/1/4	2	2014/3/4
5	珍味ホタテスモーク	2014/1/11	6	2014/7/11
6	にしん親子漬け	2014/1/17	3	2014/4/17
7	素干しタコ	2014/1/28	4	2014/5/28
8				
9				

= EDATE(B3,C3)
製造日のセルB3から、セルC3で指定した月数後の日付を求める

▶EOMONTH関数で、法人／個人の支払日を求める

支払期日が法人は翌々月末、個人は翌月末という規則に準じて支払日を求めます。
翌々月か翌月かは、期間の列で指定しています。

F3	▼	fx	=EOMONTH(E3,C3)		
	A	B	C	D	E	F
1	伝票処理規則					
2	取引先	区分	期間	支払額	伝票処理日	支払日
3	代々木オフィス	法人	2	¥1,200,000	2014/2/7	2014/4/30
4	渋谷 陽子	個人	1	¥540,000	2014/2/14	2014/3/31
5	恵比寿スタジオ	法人	2	¥35,000	2014/3/3	2014/5/31
6	目黒 隆史	個人	1	¥50,000	2014/3/28	2014/4/30
7	大崎のぼる	個人	1	¥60,000	2014/3/31	2014/4/30
8	品川DTPデザイン	法人	2	¥768,000	2014/4/8	2014/6/30
9	※法人の場合：翌々月の月末支払					
10	※個人の場合：翌月の月末支払					
11						

= EOMONTH(E3,C3)
伝票処理日のセルE3から、セルC3で指定した月数後の月末の日付を求める

EOMONTH関数で求めた月末日に1日を加えると、翌月1日の日付が表示されます。例えば、
上の作例で求めた月末日の翌月1日を求めるには、「= EOMONTH(E3,C3) + 1」とします。

日付から曜日を調べるには？

曜日番号

指定した日付の曜日を調べるには「WEEKDAY」関数を使います。結果は、数値（曜日番号）で表示されます。調べた曜日番号を利用して、特定の曜日の売上を集計したり、曜日を条件に、処理を振り分けたりできます。

WEEKDAY関数を使おう

ウィークデイ　　　　　　　　　　　　　　　　　戻り値 数値

WEEKDAY （シリアル値[, 種類]）

「シリアル値」で指定した日付から、「種類」で指定した形式で曜日番号を求める。

種類	戻り値
1または省略	1（日曜）～7（土曜）
2	1（月曜）～7（日曜）
3	0（月曜）～6（日曜）

WEEKDAY
ウィークデイ

▶WEEKDAY関数で、土日の売上数を集計する

	A	B	C	D	E	F
B6		=WEEKDAY(A6,2)				
1	浜松町支店2月売上分析					
2	メニュー		ランチA	ランチB	ランチC	ランチD
3	土日売上		37	45	61	40
4						
5	日付	曜日	ランチA	ランチB	ランチC	ランチD
6	2月1日	3	32	93	76	63
7	2月2日	4	53	36	53	58
8	2月3日	5	76	71	69	61
9	2月4日	6	25	20	40	26
10	2月5日	7	12	25	21	14
11						

= WEEKDAY（A6,2）
日付のセルA6から、「種類」に「2」（月曜:1～日曜:7）を指定して曜日番号を求める

= SUMIF（$B$6:$B$10,"＞=6",C6:C10）
曜日のセルB6～B10で、条件「＞=6」（曜日番号が6以上）に一致するデータを探し、対応するランチAのセルC6～C10の数値を合計する

▶平日と土日で表示する時給を切り替える

	A	B	C	D	E	F
E7		=IF(WEEKDAY(A7,2)>=6,$B$4,$B$3)				
1	時給計算表					
2	氏名	学研太郎				
3	平日	¥900				
4	土曜・日曜	¥1,000				
5						
6	日付	開始時刻	終了時刻	勤務時間	時給	合計
7	5月1日	10:00	17:00	7:00	¥900	¥6,300
8	5月5日	11:00	15:00	4:00	¥1,000	¥4,000
9	5月12日	9:00	13:00	4:00	¥1,000	¥4,000
10	5月15日	11:00	17:00	7:00	¥900	¥3,600
11	5月21日	10:00	17:00	7:00	¥900	¥6,300
12	5月26日	10:00	17:00	7:00	¥1,000	¥7,000
13	5月31日	9:00	13:00	4:00	¥900	¥3,600
14						

= HOUR（D7）＊E7
勤務時間のセルD7から時を取り出し、セルE7の時給を掛けてその日のアルバイト料を求める

= IF（WEEKDAY（A7,2）＞=6,$B$4,$B$3）
WEEKDAY関数で、日付のセルA7から「種類」に「2」（月曜:1～日曜:7）を指定して曜日番号を求める。IF関数では、曜日番号が6以上（土日）の場合はセルB4（土日の時給）を表示し、6未満の場合はセルB3（平日の時給）を表示する

SUMIF:条件を満たす数値を合計する（50ページ参照）／**IF**:条件で処理を振り分ける（150ページ参照）／**HOUR**:時刻データから時を取り出す（120ページ参照）

営業日の日付

休日を除いて指定日数後の日付を求めたい！

「WORKDAY」関数を使うと、指定した日数だけ前や後の日付を、土日と指定した祝祭日を除いて求めることができます。例えば、注文を受けた日から5営業日後に商品を発送するような場合で、発送日を求めるのに便利です。

WORKDAY関数を使おう

土日を除く日数後の日付けを表示する

ワークデイ　　　　　　　　　　　　　戻り値 シリアル値
WORKDAY（開始日, 日数 [, 祭日]）
「開始日」から「日数」前／後の日付を、土日と「祭日」で指定した日を除いて求める。

112

WORKDAY
ワークデイ

▶WORKDAY関数で、5営業日後を求める

B4	▼	fx	=WORKDAY(A4,5,祝祭日)

	A	B	C	D
1	発送日確認システム			
2	受注日から5営業日後に発送			
3	受注日	発送日		
4	2014年9月4日	2014年9月11日		
5	2014年9月10日	2014年9月18日		
6	2014年10月3日	2014年10月10日		
7	2014年10月18日	2014年10月24日		
8				
9				

=WORKDAY(A4,5,祝祭日)
受注日のセルA4から、土日と「祝祭日」という名前付きセル範囲の日付を除いて、「5」日後の日付を求める。祝祭日の名前付きセル範囲は別シートに作成しておく(下のコラム参照)

祝祭日は別シートに作成し、名前を付けておく **POINT**

祝祭日	▼	fx	2014/1/1

「祝祭日」という名前を付けておく

	A	B	C
1	2014年祝祭日一覧		
2	日付	曜日	祝祭日
3	1月1日	水曜日	元日
4	1月13日	月曜日	成人の日
5	2月11日	火曜日	建国記念の日
6	3月21日	金曜日	春分の日
7	4月29日	火曜日	昭和の日
8	5月3日	土曜日	憲法記念日
9	5月4日	日曜日	みどりの日
10	5月5日	月曜日	振替休日
11	5月5日	月曜日	こどもの日
12	7月21日	月曜日	海の日
13	9月15日	月曜日	敬老の日
14	9月23日	火曜日	秋分の日
15	10月13日	月曜日	体育の日
16	11月3日	月曜日	文化の日
17	11月23日	日曜日	勤労感謝の日
18	11月24日	月曜日	振替休日
19	12月23日	火曜日	天皇誕生日
20			
21	祝祭日の日付のセル範囲		

WORKDAY関数では、「祭日」で土日以外の非稼働日となる日付を指定できます。日本の祝祭日は年によって日付が変わるので、カレンダーを参考にして祝祭日の一覧を作成しましょう。祝祭日の日付のセル範囲に名前(36ページ参照)を付けておけば、WORKDAY関数の「祭日」に名前を使ってセル範囲を指定できます。上の作例では、別シートに作成した祝祭日一覧のセル範囲(セルA3〜A19)に、「祝祭日」という名前を付けています。

営業日の日付

指定曜日を除いて営業日を求めるには？

土日以外が定休日の場合、WORKDAY関数では営業日の日付が求められません。このような場合は「WORKDAY.INTL」関数を利用します。WORKDAY.INTL関数では、非稼動日とする曜日を週末番号で指定します。

WORKDAY.INTL関数を使おう

ワークデイ・インターナショナル　　　　　　　　戻り値 シリアル値

WORKDAY.INTL（開始日, 日数 [, 週末, 祭日]）

「開始日」から「日数」前／後の日付を、「週末」と「祭日」で指定した日を除いて求める。週末の指定方法は左のコラム参照。Excel2007では利用できない。

114

WORKDAY.INTL

ワークデイ・インターナショナル

▶ WORKDAY.INTL 関数で、日曜と祝日を除いて日付を求める

	B5	▼	f_x	=WORKDAY.INTL(A5,5,11,祝祭日)	
	A		B		C
1	発送日確認システム				
2	受注日から営業5日後に発送				
3	土は稼働する/日・祝祭日は稼働しない				
4	受注日		発送日		
5	2014年9月4日		2014年9月10日		
6	2014年9月10日		2014年9月17日		
7					
8					

＝WORKDAY.INTL(A5,5,11,祝祭日)

受注日のセルA5から、「週末番号」が「11」(日曜日)と、「祝祭日」という名前付きセル範囲(113ページ参照)の日付を除いて、「5」日後の日付を求める

POINT

週末番号の指定方法

WORKDAY.INTL 関数や後述の NETWORKDAYS.INTL 関数 (116 ページ参照) では、右表の週末番号を使って引数「週末」に非稼動日とする曜日を指定します。右表に適当な曜日の組み合わせがない場合、例えば、日曜日と水曜日を定休日とするようなケースでは、週末番号に日曜日の「11」を指定し、さらにその年の水曜日の日付を別シートにリストアップして、引数「祭日」にそのセル範囲 (もしくはセル範囲に付けた名前) を指定します。

週末番号	週末の曜日
1または省略	土、日
2	日、月
3	月、火
4	火、水
5	水、木
6	木、金
7	金、土
11	日
12	月
13	火
14	水
15	木
16	金
17	土

営業日の日数

指定期間内の営業日数を求めたい!

NETWORKDAYS／NETWORKDAYS.INTLを使おう

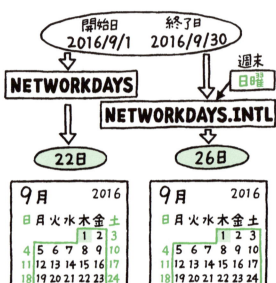

開始日と終了日の日付から、土日や指定した祝祭日を除いた営業日数を求めたいときは、「NETWORKDAYS」関数を利用します。「NETWORKDAYS.INTL」関数で、土日以外の曜日を定休日とすることもできます。

ネットワークデイズ　　　　　　　　　　　　　　戻り値 数値

NETWORKDAYS（開始日,終了日[,祭日]）

「開始日」から「終了日」までの期間で、土日と「祭日」で指定した日を除いた日数を求める。

ネットワークデイズ・インターナショナル　　　　戻り値 数値

NETWORKDAYS.INTL
（開始日,終了日[,週末,祭日]）

「開始日」から「終了日」までの期間で、「週末」と「祭日」で指定した日を除いた日数を求める。週末の指定方法は115ページのコラム参照。Excel2007では利用できない。

NETWORKDAYS
ネットワークデイズ

NETWORKDAYS.INTL
ネットワークデイズ・インターナショナル

▶NETWORKDAYS関数で、土日と欠勤日を除く日数を求める

	B7	▼	fx	=NETWORKDAYS($B$3,$B$4,C7:E7)		
	A	B	C	D	E	F
1	短期アルバイト勤務表					
2	勤務期間			稼働日差異		
3	開始日	2014/5/1		目標日数	120	
4	終了日	2014/5/31		合計日数	129	
5						
6	雇用番号	勤務日数		欠勤予定日		
7	1001	22	5月4日	5月11日		
8	1002	21	5月9日			
9	1003	22				
10	1004	21	5月16日	5月31日		
11	1005	22	5月2日			
12	1006	21	5月7日	5月18日	5月25日	
13	※土・日は休日					
14	※5月の土・日は計8日					
15						

= NETWORKDAYS($B$3,$B$4,C7:E7)

開始日のセルB3から終了日のセルB4の期間で、土日と欠勤予定日のセルC7～E7を除いた日数を求める

▶NETWORKDAYS.INTL関数で、日曜を除く日数を求める

	D4	▼	fx	=NETWORKDAYS.INTL(B4,C4,11)		
	A	B	C	D	E	F
1	2014年年間稼働日数					
2		カレンダー		稼働日数		
3	月	月初	月末	日曜日のみ休み		
4	1	1月1日	1月31日	27		
5	2	2月1日	2月28日	24		
6	3	3月1日	3月31日	26		
7	4	4月1日	4月30日	26		
8	5	5月1日	5月31日	27		
9	6	6月1日	6月30日	25		
10	7	7月1日	7月31日	27		
11	8	8月1日	8月31日	26		
12	9	9月1日	9月30日	26		
13	10	10月1日	10月31日	27		
14	11	11月1日	11月30日	25		
15	12	12月1日	12月31日	27		
16						

= NETWORKDAYS.INTL(B4,C4,11)

月初のセルB4から月末のセルC4の期間で、「週末番号」が「11」の日付(日曜日)を除いた日数を求める

指定単位の期間

期間の長さを年・月・日の単位で求めたい！

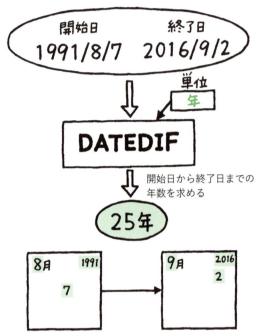

DATEDIF関数を使おう

開始日から終了日までの年数を求める

デイト・ディファレンス　　　　　　　　　　　戻り値 数値

DATEDIF（開始日,終了日,単位）

「開始日」から「終了日」までの期間の長さを指定の「単位」で求める。なお、DATEDIFは関数オートコンプリート機能（25ページ参照）が利用できないため、関数名をすべて直接入力して使う。

単位	意味
"Y"	満年数
"M"	満月数
"D"	総日数

単位	意味
"YM"	1年未満の月数
"YD"	1年未満の月数
"MD"	1か月未満の日数

開始日から終了日までの期間の長さを、年、月、日のいずれかの単位で求めたいときは、「DATEDIF」関数を使います。今日の日付と入社年月日から勤務年数を求めたり、生年月日から今日までの経過月数を求められます。

118

DATEDIF
デイト・ディファレンス

▶ DATEDIF関数で、社員の勤務年数を求める

	A	B	C	D
	D3		fx =DATEDIF(C3,$C$9,"Y")	
1	社歴計算表			
2	社員番号	氏名	入社日	勤続年数
3	2915	明石 数馬	1970/4/1	44
4	3016	山本 正和	1970/5/1	43
5	4934	黒岩 総一郎	1986/12/1	27
6	5080	山下 進	1995/3/1	19
7	6245	吉岡 典夫	2001/7/15	12
8				
9			2014/4/1	現在

= DATEDIF(C3,$C$9,"Y")
入社日のセルC3と現在の日付のセルC9の間で、指定の単位（Y:満年数）で経過期間を求める

▶ 締切日までの残り日数をカウントダウンする

	A	B	C	D	E
	C3		fx =IFERROR(DATEDIF(TODAY(),B3,"D"),"期限切れ")		
1	ToDoリスト				
2	項目	締切日	残り日数		
3	A社向け企画書の提出	5月10日	期限切れ		
4	企画書の作成	6月8日	21		
5	新商品広告原稿作成	6月19日	32		

= IFERROR(DATEDIF(TODAY(),B3,"D"),"期限切れ")
TODAY関数で求めた今日の日付から締切日のセルB3までの期間を、指定の単位（D:総日数）で求める。開始日が終了日を越えるとDATEDIF関数の結果はエラーになるので、その場合はIFERROR関数で、「期限切れ」と表示する

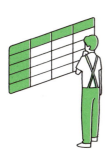

TODAY：現在の日付を表示する（102ページ参照）／**IFERROR**：結果がエラーなら別の処理を行う（158ページ参照）

時刻から時・分・秒を取り出したい！

時／分／秒

HOUR／MINUTE／SECOND関数を使おう

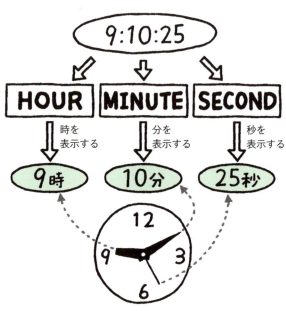

時刻データから、時、分、秒をそれぞれ独立して取り出すには、「HOUR」「MINUTE」「SECOND」の各関数を利用します。いずれも、引数には時刻が入力されたセルや「"」で囲んだ時刻文字列などが指定できます。

アワー　　　　　　　　　　　　　　　　　　　　　戻り値 数値

HOUR（シリアル値）
「シリアル値」で指定した時刻から時を取り出す。

ミニット　　　　　　　　　　　　　　　　　　　　戻り値 数値

MINUTE（シリアル値）
「シリアル値」で指定した時刻から分を取り出す。

セコンド　　　　　　　　　　　　　　　　　　　　戻り値 数値

SECOND（シリアル値）
「シリアル値」で指定した時刻から秒を取り出す。

HOUR | MINUTE | SECOND
アワー　ミニット　セコンド

▶HOUR／MINUTE関数で、勤務時間の時と分を別々に求める

	A	B	C	D	E
1	勤務表				
2-3	日付	開始時刻	終了時刻	勤務時間(時)	(分)
4	3月1日	10:00	15:02	5	2
5	3月2日	9:51	14:56	5	5
6	3月3日	9:55	13:31	3	36
7	3月4日	10:05	14:00	3	55

セルD4に =HOUR(C4-B4)

=HOUR(C4−B4)
終了時刻のセルC4から開始時刻のセルB4を引いて勤務時間を求め、時を取り出す

=MINUTE(C4−B4)
終了時刻のセルC4から開始時刻のセルB4を引いて勤務時間を求め、分を取り出す

▶SECOND関数で、時刻データの秒数を表示する

時刻のセルで秒数の表示が省略されている場合でも、そのシリアル値には秒数のデータが含まれています。SECOND関数を使うと、そうしたデータから秒数を取り出して別のセルに表示できます。

=SECOND(B7)
セルB7の日時データから秒数を取り出して表示する。単位の「秒」は表示形式で設定している

COLUMN

空白セルをまとめて選択する！

「ジャンプ」機能を利用すると、指定した内容のセルだけを選択できます。空白のセルに、まとめて同じデータを入力したいときなどに便利です。

●ジャンプ機能で「空白セル」を選択する

❶対象のセル範囲を選択し、F5キーを押して「ジャンプ」画面を表示し、「セル選択」ボタンをクリックします。

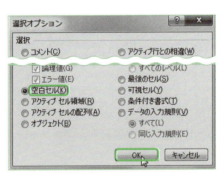

❷「選択オプション」画面で、「空白セル」を選択し、「OK」ボタンをクリックします。

❸空白のセルだけが選択されます。そのままデータを入力してCtrlキーを押しながらEnterキーを押すと、選択中のセルに同じデータを入力できます。

第 **5** 章

文字列を操作する関数

Excelが得意なのは
数字だけじゃない!

複数の文字列を結合したい！

結合

CONCATENATE関数を使おう

文字列をつなげる

複数のセルに入力されている文字列を結合するには、「CONCATENATE」関数を利用します。LEFTやRIGHTといったほかの関数と組み合わせれば、7桁の郵便番号に「-」を追加するといったことも可能です。

コンカティネイト　　　　　　　　　　　　　戻り値 文字列

CONCATENATE（文字列1 [,文字列2,…]）

「文字列」で指定した文字列をすべて結合する。連続したセルを指定する場合、「A1,A2,…」のように一つずつ指定する。「A1:A3」のように指定すると先頭のセルだけしか結合対象にならない。

CONCATENATE
コンカティネイト

▶ CONCATENATE 関数で、姓と名から氏名を作る

	A	B	C	D
	C3	▼	f_x =CONCATENATE(A3,B3)	
1	参加者リスト			
2	姓	名	氏名	
3	磐田	雄介	磐田雄介	
4	柏木	豊	柏木豊	
5	長谷川	智子	長谷川智子	
6	水島	龍之介	水島龍之介	
7	大桑	高志	大桑高志	
8	柳沼	理恵子	柳沼理恵子	

= CONCATENATE(A3,B3)
姓のセルA3と名のセルB3の文字列を結合して表示する

▶ 住所録の郵便番号に「−」を追加する

	A	B	C	D
	B3	▼	f_x =CONCATENATE(LEFT(A3,3),"−",RIGHT(A3,4))	
1	住所録			
2	郵便番号	郵便番号 （修正）	住所1	住所2
3	1350004	135-0004	東京都江東区	森下13-xxx
4	1410001	141-0001	東京都品川区	北品川3-xx
5	1410031	141-0031	東京都品川区	西五反田2-xx-x
6	1730011	173-0011	東京都板橋区	双葉町5-xx-x
7	1840015	184-0015	東京都小金井市	貫井北町12xx
8				
9				

= CONCATENATE(LEFT(A3,3),"−",RIGHT(A3,4))
郵便番号のセルA3から、LEFT関数で先頭3文字を、RIGHT関数で末尾
4文字をそれぞれ取り出し、「−」（ハイフン）を間に挟んで結合する

LEFT：文字列の先頭から指定文字数を取り出す（132ページ参照）／**RIGHT**：文字列の末尾か
ら指定文字数を取り出す（134ページ参照）

置換

検索した文字列を置き換えるには?

文字列を検索して別の文字列に置き換えるには、「SUBSTITUTE」関数を使います。不要な文字列やスペースを空白に置き換えて削除したり、見つかった検索文字列のうち2番目だけを置き換えるといったことも可能です。

SUBSTITUTE関数を使おう

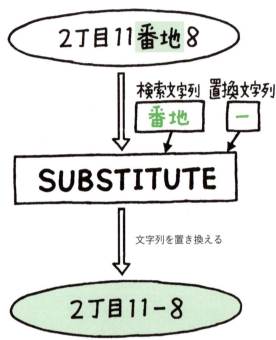

サブスティチュート 戻り値 文字列

SUBSTITUTE
（文字列, 検索文字列, 置換文字列 [, 置換対象]）

「文字列」内の「検索文字列」のうち、「置換対象」にある文字列を「置換文字列」に置き換える。「置換対象」を省略すると、すべての検索文字列が置き換えられる。例えば、2番目の文字列だけ置き換えるなら「置換対象」に「2」を指定する。

SUBSTITUTE

サブスティチュート

▶SUBSTITUTE関数で、担当エリア名を変更する

C3	▼	f_x =SUBSTITUTE(B3,"恵比寿","渋谷")		

	A	B	C	D	E
1	担当エリア表				
2	氏名	担当エリア （3月まで）	担当エリア （4月以降）		
3	森 茂	恵比寿	渋谷		
4	相沢 弘子	田町	田町		
5	本橋 浩二	新宿	新宿		
6	大桑 高志	恵比寿	渋谷		
7	松本 愛	田町	田町		
8	高橋 雄三	恵比寿	渋谷		
9	柳沼 理恵子	新宿	新宿		
10	※4月から恵比寿エリアが渋谷エリアに変わります。				

＝SUBSTITUTE(B3,"恵比寿","渋谷")
担当エリア（3月まで）のセルB3内の「恵比寿」を「渋谷」に置き換える。
「恵比寿」がない場合は元の文字列をそのまま表示する

▶会員名簿の氏名からスペースを取り除く

C3	▼	f_x =SUBSTITUTE(B3," ","")			

	A	B	C	D	E	F
1	会員名簿					
2	No	氏名	氏名（修正）	性別	年齢	
3	1	磐 田 雄 介	磐田雄介	男	35	
4	2	柏 木 豊	柏木豊	男	28	
5	3	長谷川 智子	長谷川智子	女	31	
6	4	水 島 龍之介	水島龍之介	男	29	
7	5	大 桑 高 志	大桑高志	男	27	
8	6	柳 沼 理恵子	柳沼理恵子	女	27	
9	7	森 茂	森茂	男	38	
10	8	相 沢 弘 子	相沢弘子	女	26	
11	9	本 橋 浩 二	本橋浩二	男	34	
12	10	松 本 愛	松本愛	女	32	
13	11	高 橋 雄 三	高橋雄三	男	31	
14						

＝SUBSTITUTE(B3," ","")
氏名のセルB3に含まれる「　」(全角スペース)
を「""」(空白)に置き換えて表示する

127

置換

指定位置の文字列を置き換えるには？

REPLACE関数を使おう

文字列を置き換える

文字列内の特定の位置にある文字を置き換えたいときは、「REPLACE」関数を使います。住所の一部を変更したり、個人情報の名前やメールアドレスの一部を伏せ字にして隠したりしたい場合など、さまざまな使い方があります。

リプレース　　　　　　　　　　　　　　　　　　戻り値 文字列
REPLACE（文字列, 開始位置, 文字数, 置換文字列）
「文字列」内の「開始位置」から「文字数」分を「置換文字列」に置き換える。

REPLACE
リプレース

▶REPLACE関数で、住所の一部を置き換える

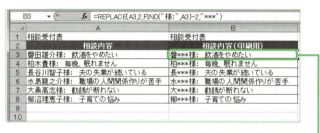

＝REPLACE（A3,4,4,"栃木市"）
旧住所1のセルA3内の「4」文字目から「4」文字分（下都賀郡）を「栃木市」に置き換える

＝REPLACE（B3,1,2,""）
旧住所2のセルB3内の「1」文字目から「2」文字分（大字）を「""」（空白）に置き換える

▶印刷用に実名を伏せた表記にする

	A	B
1	相談受付表	相談受付表
2	相談内容	相談内容（印刷用）
3	磐田雄介様：　飲酒をやめたい	磐＊＊＊様：　飲酒をやめたい
4	柏木豊様：　毎晩、眠れません	柏＊＊＊様：　毎晩、眠れません
5	長谷川智子様：　夫の失業が続いている	長＊＊＊様：　夫の失業が続いている
6	水島龍之介様：　職場の人間関係作りが苦手	水＊＊＊様：　職場の人間関係作りが苦手
7	大桑高志様：　勧誘が断れない	大＊＊＊様：　勧誘が断れない
8	柳沼理恵子様：　子育ての悩み	柳＊＊＊様：　子育ての悩み

B3 fx =REPLACE(A3,2,FIND("様：",A3)-2,"＊＊＊")

＝REPLACE（A3,2,FIND（"様：", A3）－2," ＊＊＊ "）
相談内容のセルA3の「2」文字目から「様：」の直前の文字までを「＊＊＊」に置き換える。FIND関数でセルA3内の「様：」の位置を調べて2を引くことで、2文字目から「様：」の直前までの文字数を求め、セルA3内の「2」文字目から、FIND関数で求めた文字数分を「＊＊＊」に置き換えている

POINT
置き換える文字数をFIND関数で求める
上の作例では、置き換える文字列（名前の2文字名以降）の文字数が一定でないため、FIND関数を使って文字数を求めています。FIND関数で名前の直後にある「様：」の位置を求め、そこから2文字分を引くことで（−2）、名前の先頭1文字と「様：」の間にある文字数が求められます。

FIND：文字列の位置を求める（130ページ参照）

指定した文字の位置を求めたい！

検索

指定した文字のセル内での位置を求めるには、「SEARCH」関数や「FIND」関数を利用します。英字の大文字と小文字を区別しないSEARCHに対し、FINDでは大文字と小文字を区別するといった違いがあります。

SEARCH／FIND関数を使おう

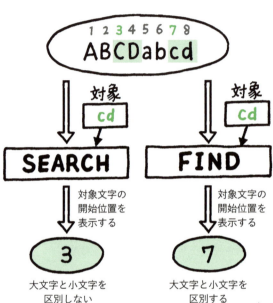

サーチ　　　　　　　　　　　　　　　　　　戻り値 数値
SEARCH (検索文字列, 対象 [, 開始位置])
「検索文字列」を「対象」の文字列の「開始位置」から検索し、最初に現れる位置を数値で求める。英字の大文字・小文字は区別されない。

ファインド　　　　　　　　　　　　　　　　戻り値 数値
FIND (検索文字列, 対象 [, 開始位置])
「検索文字列」を「対象」の文字列の「開始位置」から検索し、最初に現れる位置を数値で求める。英字の大文字・小文字は区別される。

▶SEARCH関数で、住所の中の「県」の位置を求める

	A	B	C	D
1	会員名簿			
2	NO	氏名	住所	「県」の位置
3	1	平山恵一	佐賀県唐津市呉服町3-XX	3
4	2	江川真	大阪府箕面市箕面公園3-11-XX	#VALUE!
5	3	丹羽信義	岡山県美作市角南2-15-10テラス角南XXX	3
6	4	深井真人	和歌山県東牟婁郡古座川町直見4-2-XX	4
7	5	湯浅亜弓	熊本県宇土市入地町1-11-XX	3
8	6	竹原花蓮	愛知県江南市赤童子町良原3-16-XX	3
9	7	岡村卓雄	東京都世田谷区深沢1-XX	#VALUE!
10	8	戸田綾	宮城県宮城郡七ヶ浜町花渕浜2-15-XX	3
11	9	高見璃音	神奈川県横浜市保土ケ谷区境木本町4-9-X	4

= SEARCH("県",C3)
「県」を住所のセルC3の中で検索し、その位置を求める。見つからない場合はエラーが表示される

▶FIND関数で、英字の評価を数字の評価に変換する

「S」(最高)～「d」(最低)の英字による成績評価を、「10」(最高)～「1」(最低)の数字による評価に変換します。

	A	B	C	D
1	勤務成績評定状況			
2	社員名	項目	評価	10段階評価
3	小村孝史	実績	A	8
4		能力	b	5
5	橋川満	実績	a	7
6		能力	S	10
7	高枝麻子	実績	D	2
8		能力	B	6
9	斉藤多賀子	実績	C	4
10		能力	b	5
11	濱野遼一	実績	c	3
12		能力	C	4

= FIND(C3,"dDcCbBaAsS")
評価のセルC3の英字(A)を「dDcCbBaAsS」の中で検索し、その位置を求める。「dDcCbBaAsS」の文字列をFIND関数の「対象」に指定することで、評価の英字が「d→1」「D→2」…「S→10」のように文字列内の英字の位置を示す数値に変換される

列の先頭から文字を取り出すには？

文字列の先頭から指定の文字数分だけ文字を取り出すには、「LEFT」関数を使います。文字数の指定にSEARCH関数やFIND関数（130ページ参照）を使えば、先頭から特定の文字までを取り出すことも可能です。

LEFT関数を使おう

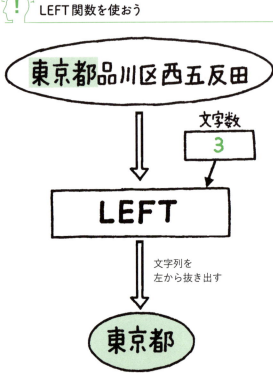

文字列を左から抜き出す

レフト　　　　　　　　　　　　　　　戻り値 文字列

LEFT（文字列[,文字数]）

「文字列」の先頭から「文字数」分を取り出す。「文字数」を省略すると先頭の1文字が取り出される。

LEFT
レフト

▶LEFT関数で、郵便番号の上3桁を取り出す

	A	B	C	D
	B3	▼	f_x =LEFT(A3,3)	
1	住所録			
2	郵便番号	郵便番号（上3桁）	郵便番号（下4桁）	
3	1350004	135	0004	
4	1410001	141	0001	
5	0100831	010	0831	
6	1730011	173	0011	
7	0200133	020	0133	

＝LEFT(A3,3)
郵便番号のセルA3の先頭から「3」文字を取り出す。LEFT関数で取り出された文字は数値ではなく、文字列として扱われるため、「0」から始まる郵便番号でも、「0」が省かれずにそのまま取り出すことができる

▶「県」の位置を調べて、住所から都道府県名を取り出す

「県」が4文字目にある県（神奈川県、和歌山県、鹿児島県）以外の都道府県名は、すべて3文字です。そこで、住所の4文字目が「県」の場合は先頭4文字を取り出し、そうでない場合は先頭3文字を取り出します。

	A	B	C
	B3	▼	f_x =IF(MID(A3,4,1)="県",LEFT(A3,4),LEFT(A3,3))
1	住所録		
2	住所	都道府県	市町村区
3	東京都杉並区高井戸東	東京都	杉並区高井戸東
4	神奈川県川崎市多摩区生田	神奈川県	川崎市多摩区生田
5	長野県千曲市雨宮	長野県	千曲市雨宮
6	奈良県桜井市赤尾	奈良県	桜井市赤尾
7	大阪府大阪市此花区常吉	大阪府	大阪市此花区常吉
8	岡山県高梁市内山下	岡山県	高梁市内山下
9			

＝IF(MID(A3,4,1)＝"県",LEFT(A3,4),LEFT(A3,3))
MID関数で住所のセルA3の「4」文字目から「1」文字を取り出す。取り出した文字が「県」の場合は、LEFT関数でセルA3の先頭「4」文字を取り出して表示する。そうでない場合は、LEFT関数でセルA3の先頭「3」文字を取り出して表示する

IF：条件で処理を振り分ける（150ページ参照）／MID：文字列の指定位置から指定文字数を取り出す（134ページ参照）

文字を末尾・途中から取り出したい！

文字の抽出

RIGHT／MID関数を使おう

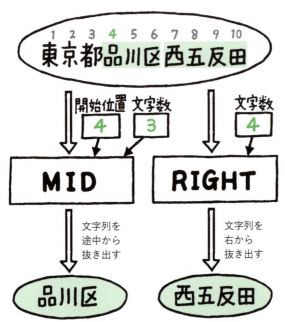

文字列の末尾から文字を取り出すには「RIGHT」関数を、途中の指定位置から取り出すには「MID」関数を利用します。LEFT（132ページ参照）、RIGHT、MIDの三つの関数は、セットで覚えておきましょう。

ライト　　　　　　　　　　　　　　　　　　　戻り値 文字列

RIGHT（文字列[,文字数]）

「文字列」の末尾から「文字数」分を取り出す。「文字数」を省略すると末尾の1文字が取り出される。

ミッド　　　　　　　　　　　　　　　　　　　戻り値 文字列

MID（文字列,開始位置,文字数）

「文字列」の「開始位置」から「文字数」で指定した数だけ文字を取り出す。

▶RIGHT関数で、郵便番号の下4桁を取り出す

C3		fx	=RIGHT(A3,4)	
	A	B	C	D
1	住所録			
2	郵便番号	郵便番号(上3桁)	郵便番号(下4桁)	
3	1350004	135	0004	
4	1410001	141	0001	
5	0100831	010	0831	
6	1730011	173	0011	
7	0200133	020	0133	

=RIGHT(A3,4)
郵便番号のセルA3の末尾から「4」文字を取り出す。RIGHT関数で取り出された文字は数値ではなく、文字列として扱われるため、「0」から始まる郵便番号でも、「0」が省かれずにそのまま取り出すことができる

▶MID関数で、メールアドレスのドメインを取り出す

C3		fx	=MID(A3,FIND("@",A3)+1,100)
	A	B	C
1	アドレス帳		
2	メールアドレス	アカウント	ドメイン
3	tarou.tanaka@gakken.co.jp	tarou.tanaka	gakken.co.jp
4	matsukichi@hyper-net.ne.jp	matsukichi	hyper-net.ne.jp
5	o.mori@yahou.ne.jp	o.mori	yahou.ne.jp
6	jack-lucky@star.com	jack-lucky	star.com

=MID(A3,FIND("@",A3)+1,100)
メールアドレスのセルA3で、「FIND("@",A3)+1」の計算結果の位置(「@」の1文字後ろ)から、「100」文字分の文字を取り出す。文字列の末尾まで取り出すために、十分に大きい文字数(100)を指定している

FIND:文字列の位置を求める(130ページ参照)

文字数

文字列の文字数を求めるには？

LEN関数を使おう

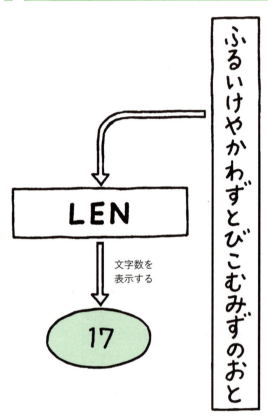

ふるいけやかわずとびこむみずのおと

文字数を表示する

17

文字列の文字数を求めたいときは「LEN」関数を使います。入力した文字列の文字数を確認したい場合や、文字数によって処理を変える場合など、ほかの関数と組み合わせて計算を行いたいときに利用できます。

レングス　　　　　　　　　　　　　　戻り値 数値

LEN（文字列）
「文字列」の文字数を求める。

LEN
レングス

▶ LEN関数で、規定文字数以内かチェックする

	氏名	ひとこと自己紹介（30字以内）	字数制限
3	磐田 雄介	趣味は映画観賞です。週末は映画をよく観に行きます。	○
4	柏木 豊	子供のころから、大人になったら世界を旅したいと思っていました。	はみ出し！
5	長谷川 智子	毎月20冊の本を読みます。読書は誰にも負けません。	○
6	水島 龍之介	昨年、車を買ってから、毎週ドライブに出かけます。出費がかさんで金欠です(涙)	はみ出し！
7	大桑 高志	好きな言葉は「初志貫徹」です。いつも初心を忘れません。	○
8	柳沼 理恵子	音楽好き。8歳からピアノ、13歳からフルートを続けています。	○

＝IF（LEN（B3）＞30,"はみ出し！","○"）

IF関数で、条件「LEN(B3)>30」を満たす場合は「はみ出し！」を、満たさない場合は「○」を表示する。LEN関数では、自己紹介のセルB3の文字数が30より大きいか調べている

▶ 氏名の欄から姓と名を別々に取り出す

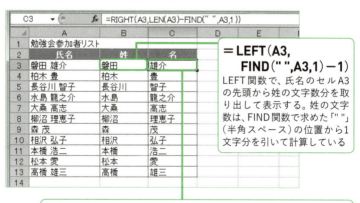

＝LEFT（A3, FIND(" ",A3,1)−1）

LEFT関数で、氏名のセルA3の先頭から姓の文字数分を取り出して表示する。姓の文字数は、FIND関数で求めた「 」（半角スペース）の位置から1文字分を引いて計算している

＝RIGHT（A3,LEN（A3）− FIND(" ",A3,1)）

RIGHT関数で、氏名のセルA3の末尾から名前の文字数分を取り出して表示する。名前の文字数は、LEN関数で求めた氏名の文字数から、FIND関数で求めた" "（半角スペース）までの文字数を引いて計算している

IF：条件で処理を振り分ける（150ページ参照）／**LEFT**：文字列の先頭から指定文字数を取り出す（132ページ参照）／**RIGHT**：文字列の末尾から指定文字数を取り出す（134ページ参照）／**FIND**：文字列の位置を求める（130ページ参照）

数値の文字列化

表示形式を適用して数値を文字列にしたい！

日付や時刻などの数値（シリアル値）を文字列にするには、「TEXT」関数を使います。表示形式を指定して、さまざまな表記を適用できます。日付や時刻をほかの文字列と連結するときもTEXT関数で文字列化します。

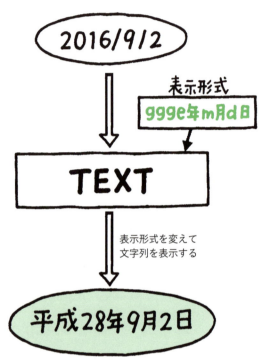

TEXT関数を使おう

表示形式を変えて文字列を表示する

テキスト　　　　　　　　　　　　　　　戻り値 文字列

TEXT（値,表示形式）
「値」で指定した数値に「表示形式」を適用して文字列に変換する。「表示形式」は書式を「"」（ダブルクォーテーション）で囲んで指定する。

138

TEXT
テキスト

▶TEXT関数で、日付の曜日を別セルに表示する

	A	B	C
	B3 ▼	fx =TEXT(A3,"(aaa)")	
1	予定表		
2	日付	曜日	予定
3	4月1日	(火)	小島産業様 来社
4	4月2日	(水)	花見
5	4月3日	(木)	
6	4月4日	(金)	部内会議
7	4月5日	(土)	
8	4月6日	(日)	
9	4月7日	(月)	札幌出張
10	4月8日	(火)	札幌出張

= TEXT(A3,"(aaa)")
日付のセルA3に表示形式「(aaa)」を適用して文字列に変換する

曜日・日付・時刻の主な表示形式 **POINT**

▶曜日の表示形式

表示形式	表示例
aaa	金
aaaa	金曜日
ddd	Fri
dddd	Friday

▶日付の表示形式

表示形式	表示例
yyyy年mm月dd日	2014年03月05日
yy年m月d日	14年3月5日
(gg)e年m月d日	(昭)50年3月5日

▶時刻の表示形式

表示形式	表示例
h:m am/pm	5:30 am
h時m分s秒	5時30分20秒

文字列を数値に、数値を漢数字にするには？

文字列と数値の変換

文字列を数値化したいときは、「VALUE」関数を使います。勤務時間と時給を掛けるなど、時刻を計算に使いたいときに便利です。一方、金額の数値を漢数字で表記するようなときは、「NUMBERSTRING」関数を利用します。

VALUE／NUMBERSTRING 関数を使おう

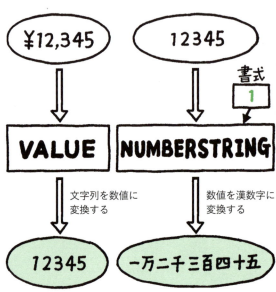

バリュー
戻り値 数値

VALUE（文字列）
数値を表す「文字列」を数値に変換する。

ナンバー・ストリング
戻り値 文字列

NUMBERSTRING（数値,書式）
「数値」を「書式」で指定された方法で漢数字に変換する。「書式」の指定方法は左のコラムを参照。

VALUE | NUMBERSTRING
バリュー | ナンバー・ストリング

▶VALUE関数で、時刻を数値化する

	A	B	C
1	時刻を数値で表示する		
2	時刻	VALUE関数で数値化	
3	3:30	3.5	
4	10:45	10.75	

B3 → fx =VALUE(A3*24)

= VALUE(A3 * 24)
時刻のセルA3に24を掛けて数値に変換する

▶NUMBERSTRING関数で、金額を漢数字で表記する

= NUMBERSTRING(G16,1)
総額のセルG16の数値を書式「1」で漢数字に変換する

POINT

NUMBERSTRING関数の書式

NUMBERSTRING関数の「書式」は1〜3の数値で指定します。各数値で変換される結果は、右表のとおりです。

数値	書式	表示結果
	1	一万二千三百四十五
12345	2	壱萬弐阡参百四拾伍
	3	一二三四五

時刻のシリアル値は、0〜1の間の小数です(40ページ参照)。これに24を掛けてVALUE関数で数値化することで、0〜24の間の時刻に対応する小数が得られます。

削除

不要な改行やスペースを削除したい！

CLEAN／TRIM関数を使おう

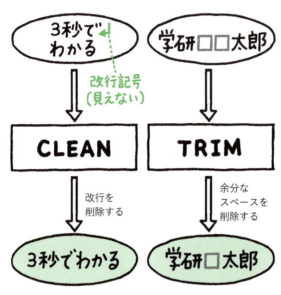

ほかのソフトからデータを取り込むと、印刷できない制御文字や不要な連続したスペースが入り込むことがあります。そのような場合は、「CLEAN」関数で制御文字を削除したり、「TRIM」関数でスペースを一つにまとめましょう。

クリーン　　　　　　　　　　　　　　　　　　戻り値 文字列

CLEAN（文字列）

「文字列」に含まれる制御文字を削除する。制御文字はファイルの先頭や末尾、改行位置などを示す文字のこと。

トリム　　　　　　　　　　　　　　　　　　　戻り値 文字列

TRIM（文字列）

「文字列」に含まれる連続したスペースを一つにまとめる。半角と全角のスペースが混在しているときは、先頭の一つが残される。

CLEAN | TRIM
クリーン | トリム

▶ CLEAN関数で、住所に含まれる改行を削除する

	C3	▼	fx	=CLEAN(B3)	
	A	B	C		D
1	住所録				
2	郵便番号	住所	住所（修正）		
3	214-0038	神奈川県 川崎市多摩区 生田 XX-XXX	神奈川県川崎市多摩区生田XX-XXX		
4	387-0001	長野県 千曲市 雨宮 XX-XXX	長野県千曲市雨宮XX-XXX		
	633-0006	奈良県 桜井市 赤尾	奈良県桜井市赤尾XXX-XX		

= CLEAN(B3)
住所のセルB3に含まれる制御文字を削除する。ここでは、改行文字が削除されて1行で表示される

▶ TRIM関数で、氏名の余分なスペースを削除する

	B3	▼	fx	=TRIM(A3)	
	A	B	C	D	
1	勉強会参加者リスト				
2	氏名	氏名（修正）	性別	年齢	
3	磐田　雄介	磐田 雄介	男	35	
4	柏木　　豊	柏木 豊	男	28	
5	長谷川　智子	長谷川 智子	女	31	
6	水島　龍之介	水島 龍之介	男	29	
7	大桑　高志	大桑 高志	男	20	
8	柳沼　理恵子	柳沼 理恵子	女	20	
9	森　　茂	森 茂	男	31	
10	相沢　弘子	相沢 弘子	女	19	
11	本橋　浩二	本橋 浩二	男	27	
12	松本　　愛	松本 愛	女	32	
13	高橋　雄三	高橋 雄三	男	31	
14					

= TRIM(A3)
氏名のセルA3に含まれる連続したスペースを一つにまとめる

半角/全角

半角を全角に、全角を半角に変換するには？

文字列に含まれる文字を半角や全角に変換したいときは、「ASC」や「JIS」といった関数を利用します。半角にしたいときはASCを使い、全角にしたいときはJISを使います。住所録などで表記を統一したいときに便利です。

ASC／JIS関数を使おう

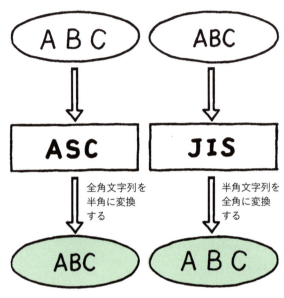

アスキー　　　　　　　　　　　　　　　　　戻り値 文字列

ASC（**文字列**）
「文字列」内の全角文字を半角文字に変換する。半角文字やひらがな、漢字などはそのまま表示される。

ジス　　　　　　　　　　　　　　　　　　　戻り値 文字列

JIS（**文字列**）
「文字列」内の半角文字を全角文字に変換する。全角文字はそのまま表示される。

144

ASC | JIS
アスキー | ジス

▶ASC関数で、区切り文字を半角スペースに統一する

	A	B	C	D	E
	B3	fx =ASC(TRIM(A3))			
1	勉強会参加者リスト				
2	氏名	氏名(修正)	性別	年齢	
3	磐田　雄介	磐田 雄介	男	35	
4	柏木　　豊	柏木 豊	男	28	
5	長谷川　智子	長谷川 智子	女	31	
6	水島　龍之介	水島 龍之介	男	29	
7	大桑　高志	大桑 高志	男	27	
8	柳沼　理恵子	柳沼 理恵子	女	27	
9	森　　茂	森 茂	男	38	

=ASC(TRIM(A3))
氏名のセルA3内の連続したスペースを、TRIM関数で一つにまとめ、ASC関数で半角に統一する

▶JIS関数で、住所の半角文字を全角に統一する

	A	B
	B3	fx =JIS(A3)
1	住所録	
2	住所	住所(全角文字に統一)
3	川崎市多摩区生田5-XX ブルースカイ410	川崎市多摩区生田５－ＸＸ　ブルースカイ４１０
4	千曲市雨宮2-XX ハイツ山下204	千曲市雨宮２－ＸＸ　ハイツ山下２０４
5	桜井市赤尾19XX	桜井市赤尾１９ＸＸ
6	会津若松市湯川町3-XXX	会津若松市湯川町３－ＸＸＸ
7	高梁市内山下5XX	高梁市内山下５ＸＸ
8	西予市三瓶町鴫山1-X-X	西予市三瓶町鴫山１－Ｘ－Ｘ
9	筑後市和泉2-XX	筑後市和泉２－ＸＸ
10	南さつま市加世田内山田1XXX	南さつま市加世田内山田１ＸＸＸ
11		

=JIS(A3)
住所のセルA3に含まれる半角文字を全角文字に変換する

TRIM：連続したスペースを一つにまとめる(142ページ参照)

アルファベットの大文字・小文字を変換したい！

大文字/小文字

UPPER／LOWER／PROPERを使おう

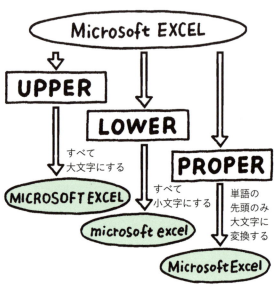

英字の小文字を大文字にするには「UPPER」関数を、大文字を小文字にするには「LOWER」関数を利用します。また、「PROPER」関数を使うと、英単語の先頭1文字を大文字に、2文字目以降を小文字に統一できます。

アッパー　　　　　　　　　　　　　　　　　　　　　戻り値 文字列

UPPER（文字列）
「文字列」内の英字を大文字に変換する。

ロウアー　　　　　　　　　　　　　　　　　　　　　戻り値 文字列

LOWER（文字列）
「文字列」内の英字を小文字に変換する。

プロパー　　　　　　　　　　　　　　　　　　　　　戻り値 文字列

PROPER（文字列）
「文字列」内の英単語の先頭1文字を大文字に、2文字目以降を小文字に変換する。

UPPER | LOWER | PROPER
アッパー　　　ロウアー　　　プロパー

▶UPPER関数で、小文字の英字を大文字にする

	A	B	C
1	原文	MIcroSoft eXcel 2013	
2	UPPER関数	MICROSOFT EXCEL 2013	
3			

B2　fx =UPPER(B1)

＝**UPPER(B1)**
原文のセルB1の文字列に含まれるアルファベットを大文字に変換する

▶LOWER関数で、大文字の英字を小文字にする

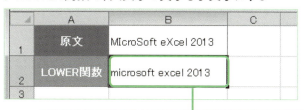

＝**LOWER(B1)**
原文のセルB1の文字列に含まれるアルファベットを小文字に変換する

▶PROPER関数で、英単語の先頭を大文字にする

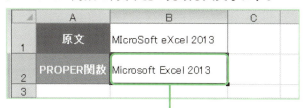

＝**PROPER(B1)**
原文のセルB1の文字列に含まれる英単語の先頭1文字を大文字に、2文字目以降を小文字に変換する

5 文字列を操作する関数

COLUMN

「5-14」と入力すると「5月14日」になる!

Excelでは、入力した文字の内容に合わせて、表示形式が自動的に変更されます。例えば、住所の番地のつもりで「5-14」と入力すると、「5月14日」と表示されるようなことがあります。入力したとおりに表示させるには、あらかじめ「文字列」の表示形式を設定しておくか、先頭に「'」(アポストロフィ)を付けて入力しましょう。

●入力前に「文字列」の表示形式を設定する

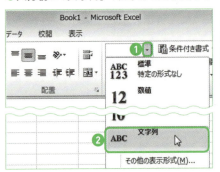

セルを選択して❶「ホーム」タブの「表示形式」の「▼」ボタンをクリックし、❷メニューから「文字列」を選択します。

●アポストロフィで強制的に文字列化する

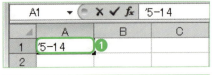

❶最初に「'」を入力し、続けてそのまま表示させたい文字列を入力します。

❷Enterキーで確定すると、「'」が非表示になり、続けて入力した文字がそのまま表示されます。

148

第 **6** 章

条件処理やセルの情報を調べる関数

こんなときはこうする！
ルールを決めて賢く計算

条件によって処理を振り分けるには？

条件分岐

IF関数を使おう

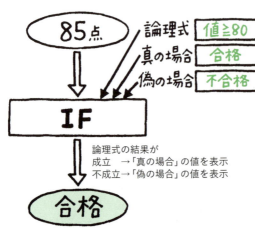

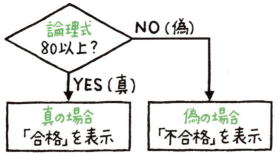

論理式で真偽を判定し、結果に従い処理を行う

イフ

戻り値 任意の形式

IF（論理式, 真の場合 [, 偽の場合]）

「論理式」で指定した条件を満たすときは「真の場合」を、満たさない場合は「偽の場合」を表示する。

条件を満たすかどうかで処理を分けたいときは、「IF」関数を使います。条件は、比較演算子を使った論理式や、論理値を返す関数で指定します。IF関数の中でIF関数を使えば、複数の条件で処理を分けることも可能です。

150

IF
イフ

▶ IF関数で、得点の結果によって判定を変える

	A	B	C	D	E
	D3	▼	fx	=IF(C3>=60,"進級","再試験")	
1	進級テスト結果				
2	番号	氏名	点数	判定	
3	1	井上 浩太	88	進級	
4	2	鵜飼 俊樹	55	再試験	
5	3	酒井 由美子	73	進級	
6	4	田中 淳一	92	進級	
7	5	渡辺 真由子	43	再試験	
8					

＝IF（C3＞＝60,"進級","再試験"）
条件「C3＞＝60」（点数のセルC3が60以上）を満たすときは
「進級」を表示し、満たさないときは「再試験」を表示する

▶ 金額が「0」のときは何も表示しない

「販売価格 × 数量」の結果を表示する金額のセルで、金額が「0」のときは何も表示
しないようにします。ここでは、セルE6～E7にも関数式が入力されていますが、何
も表示されていません。

	A	B	C	D	E
	E3	▼	fx	=IF(C3*D3=0,"",C3*D3)	
1	売上日計			日付	4月1日
2	NO	商品	販売価格	数量	金額
3	1	マルチビタミン	1,500	3	4,500
4	2	ビタミンC	1,200	6	7,200
5	3	コンドロイチン	2,000	5	10,000
6	4				
7	5				
8			合計		21,700
9					

＝IF（C3 ＊ D3＝0,"",C3 ＊ D3）
条件「C3 ＊ D3 ＝ 0」（「販売価格 × 数量」の計算結果が0）を
満たすときは「""」（空白）を表示し、満たさないときは「C3
＊ D3」（販売価格 × 数量）の計算結果を表示する

▶10年以上、5年以上、それ以外でランクを分ける

会員登録日からの経過年数が、10年以上の場合は会員ランクを「ゴールド」、5年以上の場合は「シルバー」、それ以外の場合は「ブロンズ」と表示します。

	A	B	C	D	E	F
				日付	2014/5/21	
1	会員ランク表					
2	会員番号	氏名	会員登録日	経過年数	ランク	
3	199803	宮本 恵子	1998/1/30	16	ゴールド	
4	200511	竹之内 まり	2005/4/24	9	シルバー	
5	201042	鵜飼 茂	2010/3/10	4	ブロンズ	
6	200733	天野 良子	2007/9/12	6	シルバー	
7	200218	杉浦 豊	2002/11/5	11	ゴールド	

E3　=IF(D3>=10,"ゴールド",IF(D3>=5,"シルバー","ブロンズ"))

=IF(D3>=10,"ゴールド", IF(D3>=5,"シルバー","ブロンズ"))

条件「D3>=10」(経過年数のセルD3が10以上)を満たすときは「ゴールド」を表示する。満たさないときは、ネストしたIF関数(左ページのコラム参照)で条件「D3>=5」(経過年数が5以上)を指定し、満たすときは「シルバー」を、満たさないときは「ブロンズ」を表示する

▶卸率が数値でなければ「未定」と表示する

	A	B	C	D	E	F
1	商品別出荷金額計算					
2	商品NO	定価	卸率	数量	出荷金額	
3	B-1001	2,400	70%	100	168,000	
4	B-1002	3,800		100	未定	
5	B-1003	1,800	60%	100	108,000	
6	B-1004	4,200	未定	200	未定	
7	B-1005	2,600	75%	200	390,000	

E3　=IF(ISNUMBER(C3),B3*C3*D3,"未定")

=IF(ISNUMBER(C3),B3*C3*D3,"未定")

条件「ISNUMBER(C3)」(卸率のセルC3が数値である)を満たすときは「B3*C3*D3」(定価×卸率×数量)の計算結果を表示し、満たさないときは「未定」を表示する

IF
イフ

IF関数のネストのしくみ　POINT

右ページ上の作例のように、IF関数の中にIF関数を組み合わせると（ネスト）、条件によって振り分ける処理の数を増やすことができます。論理式が成立しないとき（偽の場合）の処理として、さらにIF関数を記述すると、処理を三つに分けられます。

= IF(D3>=10,"ゴールド",
　　 IF(D3>=5,"シルバー","ブロンズ"))

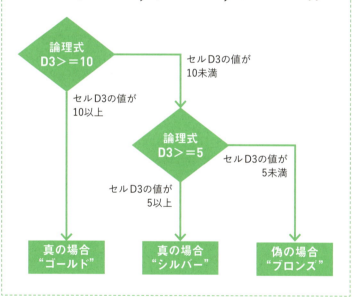

条件を関数で指定する　POINT

IF関数の条件は、関数でも指定できます。関数を利用する場合は、比較演算子と組み合わせて論理式にするか、戻り値が論理値の関数を指定します。右ページ下の作例では、ISNUMBER関数で、指定したセルの値が数値かどうかという条件を指定しています。

ISNUMBER:セルの値が数値か調べる（160ページ参照）

論理積

複数の条件を同時に満たすか調べたい！

AND関数を使おう

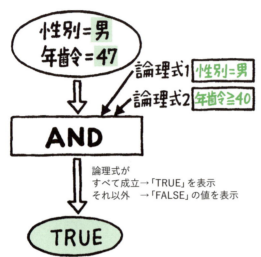

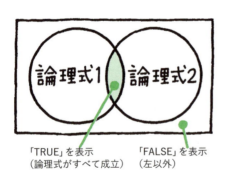

「TRUE」を表示　　　「FALSE」を表示
(論理式がすべて成立)　(左以外)

複数の条件を指定して、すべて満たすかどうかを調べたいときは、「AND」関数を使います。「AかつB」のように、複数の条件を「かつ」でつなげた条件を設定したいときに使います。このような条件を「論理積」と呼びます。

アンド　　　　　　　　　　　　　　　　　戻り値 論理値

AND（論理式1[, 論理式2, …]）
「論理式」で指定したすべての条件を同時に満たすかどうかを調べる。

AND
アンド

▶AND関数で、沿線が京王線かつ、徒歩5分以内か調べる

	D3	▼	fx	=AND(B3="京王線",C3<=5)
	A	B	C	D
1	貸店舗物件検索			
2	物件NO	沿線	徒歩(分)	判定
3	1	JR中央線	3	FALSE
4	2	京王線	5	TRUE
5	3	小田急線	8	FALSE
6	4	京王線	15	FALSE
7	5	JR中央線	12	FALSE
8				

＝AND（B3＝"京王線",C3＜＝5）
「B3＝"京王線"」(沿線のセルB3が「京王線」)と「C3<=5」(徒歩のセルC3が「5」以下)の二つの条件を同時に満たすかどうかを調べる。結果は論理値(TRUEもしくはFALSE)で表示される

▶二つの試験がともに合格基準点以上なら合格とする

	D3	▼	fx	=IF(AND(B3>=$B$9,C3>=$C$9),"合格","")
	A	B	C	D	E
1	特別入試合否判定				
2		筆記試験	小論文	判定	
3	山崎 由美子	52	72		
4	柳 敏郎	88	96	合格	
5	森田 博	92	79		
6	桜井 七海	100	86	合格	
7	高橋 義文	73	43		
8					
9	合格基準点	70	80		
10					

＝IF（AND（B3＞＝$B$9,C3＞＝$C$9),"合格",""）
IF関数で、条件「AND(B3>=$B$9,C3>=$C$9)」(筆記試験のセルB3がセルB9の合格基準点以上、かつ、小論文のセルC3がセルC9の合格基準点以上)を満たすときは「合格」を表示し、満たさないときは「""」(空白)を表示する。合格基準点のセルB9とC9をそれぞれ絶対参照で指定することで、オートフィルで連続コピーしたときに参照先がずれないようにしている

IF：条件で処理を振り分ける(150ページ参照)

6
条件処理やセルの情報を調べる関数

論理和／否定

複雑な条件を指定するには？

OR／NOT関数を使おう

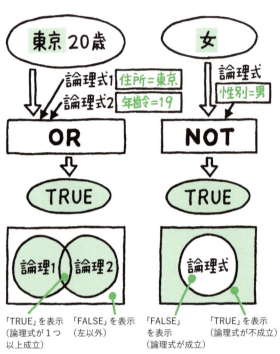

「TRUE」を表示
（論理式が1つ以上成立）

「FALSE」を表示
（左以外）

「FALSE」を表示
（論理式が成立）

「TRUE」を表示
（論理式が不成立）

オア　　　　　　　　　　　　　　　　　戻り値 論理値

OR（論理式1[, 論理式2, …]）

「論理式」で指定したすべての条件のうち、一つでも満たすかどうか調べる。

ノット　　　　　　　　　　　　　　　　戻り値 論理値

NOT（論理式）

「論理式」で指定した条件を満たさないときに「TRUE」を、満たすときに「FALSE」を返す。

「複数の条件をどれか一つでも満たす」という条件を「論理和」と呼びます。また、「条件を満たさない」ことを「否定」と呼びます。論理和の条件を作成するには「OR」関数を、否定の条件を作成するには「NOT」関数を使います。

▶ OR関数で、沿線が京王線または、徒歩5分以内か調べる

	A	B	C	D
	D3		fx	=OR(B3="京王線",C3<=5)
1	貸店舗物件検索			
2	物件NO	沿線	徒歩(分)	判定
3	1	JR中央線	3	TRUE
4	2	京王線	5	TRUE
5	3	小田急線	8	FALSE
6	4	京王線	15	TRUE
7	5	JR中央線	12	FALSE

＝OR(B3="京王線",C3<=5)
「B3="京王線"」(沿線のセルB3が「京王線」)と「C3<=5」(徒歩のセルC3が「5」以下)の二つの条件を、一つでも満たしているかどうか調べる

▶ NOT関数で、「京王線または徒歩5分以内」でないものを調べる

	A	B	C	D
	D3		fx	=NOT(OR(B3="京王線",C3<=5))
1	貸店舗物件検索			
2	物件NO	沿線	徒歩(分)	判定
3	1	JR中央線	3	FALSE
4	2	京王線	5	FALSE
5	3	小田急線	8	TRUE
6	4	京王線	15	FALSE
7	5	JR中央線	12	TRUE

＝NOT(OR(B3="京王線",C3<=5))
「OR(B3="京王線",C3<=5)」(沿線のセルB3が「京王線」、または、徒歩のセルC3が「5」以下)を満たしていないかどうかを調べる。結果として「京王線沿線」「徒歩5分以内」のいずれの条件も満たしていない場合にTRUEが表示される

エラー処理

結果がエラーなら別の処理を行いたい！

計算結果がエラーになるときに、別の値に置き換えて表示したいときは「IFERROR」関数を使うと便利です。例えば、計算結果を表示するセルで、結果がエラー値になる場合のみ、「-」や「0」を表示するといったことが可能です。

IFERROR関数を使おう

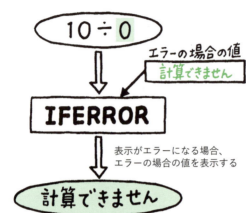

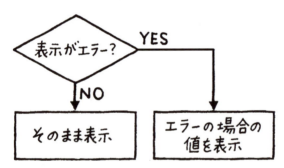

表示がエラーになる場合は決めておいた値を表示する

イフ・エラー　　　　　　　　　　　　　戻り値 任意の形式

IFERROR (値, エラーの場合の値)

「値」がエラー値となる場合に「エラーの場合の値」を表示し、エラーにならない場合は「値」を表示する。

IFERROR
イフ・エラー

▶ IFERROR関数で、エラー値を「-」に置き換える

	A	B	C	D
	D3		fx	=IFERROR(C3/B3,"-")
1	販売台数			単位:千台
2	車名	前年	今年	対前年比
3	ファミリーカーA	1,500	-	-
4	ファミリーカーB	1,200	1,850	154%
5	エコカーA	2,200	4,800	218%
6	エコカーB	-	6,400	-
7	ワゴンA	800	750	94%
8	ワゴンB	640	1,000	156%

= IFERROR(C3/B3," - ")
「C3/B3」(今年のセルC3÷前年のセルB3)の計算結果を表示する。分母の前年のセルが空白や文字列でエラー値になる場合は「-」を表示する

▶ 平均値がエラーになるときに「測定結果無」と表示する

	A	B	C	D	E
	E3		fx	=IFERROR(AVERAGE(B3:D3),"測定結果無")	
1	50m走測定結果				
2	生徒番号	1回目	2回目	3回目	平均
3	H2001	7.38	7.56	7.29	7.41
4	H2002				測定結果無
5	H2003	9.12	8.99	9.24	9.12
6	H2004	7.66	7.48	7.38	7.51
7	H2005	-	7.95	9.40	8.68

= IFERROR(AVERAGE(B3:D3),"測定結果無")
AVERAGE関数で、セルB3〜D3の平均値を求めて表示する。セルに数値がなくて平均が求められない(エラーになる)ときは、「測定結果無」と表示する

AVERAGE:数値の平均を求める(74ページ参照)

値の種類

セルの中身が数値か文字列か調べたい！

ISNUMBER／ISTEXT関数を使おう

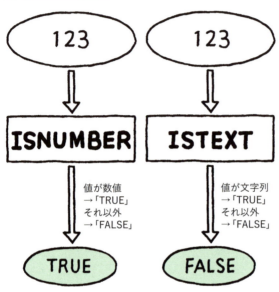

セルの値が数値かどうか調べるには、「ISNUMBER」関数を、文字列かどうか調べるには「ISTEXT」関数を使います。セルの値が数値、あるいは文字列のときだけ、計算を行いたいといったときに利用できます。

イズ・ナンバー　　　　　　　　　　　　　　　　戻り値 論理値

ISNUMBER（テストの対象）

「テストの対象」で指定したセルの値や数式の結果が数値の場合は「TRUE」を表示し、数値でない場合は「FALSE」を表示する。

イズ・テキスト　　　　　　　　　　　　　　　　戻り値 論理値

ISTEXT（テストの対象）

「テストの対象」で指定したセルの値や数式の結果が文字列の場合は「TRUE」を表示し、文字列でない場合は「FALSE」を表示する。

ISNUMBER ISTEXT
イズ・ナンバー　イズ・テキスト

▶ ISNUMBER関数で、記録のセルが数値か調べる

C3	▼	f_x	=ISNUMBER(B3)

	A	B	C
1	スポーツテスト		
2		記録	チェック
3	50m走		FALSE
4	ボール投げ	24	TRUE
5	反復横跳び	40回	FALSE
6			

= ISNUMBER（B3）
記録のセルB3の値が数値なら「TRUE」を、
そうでないなら「FALSE」を表示する

▶ ISTEXT関数で、セルの値が文字列かどうか調べる

C3	▼	f_x	=ISTEXT(B3)

	A	B	C
1	会員登録カード		
2	項目	データ	文字チェック
3	名前	岡本　紗枝	TRUE
4	生年月日	1996年11月6日	FALSE
5	年齢	16歳	TRUE
6			

= ISTEXT（B3）
データのセルB3の値が文字列なら「TRUE」
を、そうでないなら「FALSE」を表示する

POINT

セルの見かけに注意

数値のセルに表示形式（32ページ参照）で単位を付けた場合、見かけは
文字列のようになりますが、データの種類は数値のままです。同様に、日
付や時刻を入力したセルも数値（シリアル値）です。セルの見かけで判断
しないよう注意しましょう。

6

条件処理やセルの情報を調べる関数

ふりがな

文字列の読みを取り出すには？

「PHONETIC」関数を使うと、指定したセル範囲に入力されている文字列の読みを取り出すことができます。名簿などのファイルで、住所や氏名などの読みを、「フリガナ」の列に自動で表示させたいときに使用すると便利です。

PHONETIC関数を使おう

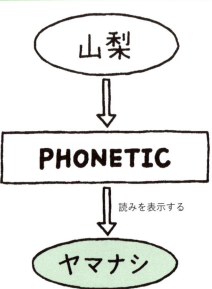

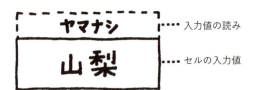

セルに入力された値の読み情報を表示する。読み情報がない場合は、入力値がそのまま表示される

フォネティック　　　　　　　　　　　　　　戻り値 文字列

PHONETIC（範囲）

「範囲」で指定したセル範囲に入力されている文字列の読みを表示する。

PHONETIC
フォネティック

▶PHONETIC関数で、故事成語の読みを表示する

	A	B	C	D	E
	B3	▼	fx	=PHONETIC(A3)	
1	受験に出る故事成語				
2	故事成語	読み			
3	烏合の衆	ウゴウノシュウ			
4	馬耳東風	バジトウフウ			
5	虎視眈眈	コシタンタン			

=PHONETIC(A3)
故事成語のセルA3の読みを表示する

▶「氏」と「名」をあわせてふりがなを表示する

	A	B	C	D	E	F
	D3	▼	fx	=PHONETIC(B3:C3)		
1	生徒名簿					
2	NO	氏	名	フリガナ		
3	1	佐藤	博史	サトウヒロシ		
4	2	住田	芳江	スミダヨシエ		
5	3	田丸	喜代美	タマルキヨミ		
6	4	佐々木	義巳	ササキヨシミ		
7						

=PHONETIC(B3:C3)
氏のセルB3と名のセルC3に入力されている文字列の読みを取り出して表示する

読みをひらがなで表示するには **POINT**

PHONETIC関数で表示する読みの種類は、初期設定では全角カタカナが設定されています。これは「ふりがなの設定」画面で変更可能です。

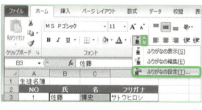

対象のセル範囲を選択し、「ホーム」タブの「ふりがな」の「▼」ボタンから、「ふりがなの設定」を選択します。

「ふりがなの設定」画面が表示されたら、「種類」欄の「ひらがな」をクリックし、画面下の「OK」ボタンをクリックします。

COLUMN

ふりがなを追加・修正する！

Excel上でセルに漢字を入力すると、変換前の読みがふりがなとして記録されます。そのため、ほかのソフトからコピーして貼り付けた漢字には、ふりがなが記録されません。また、入力時に使った読みが間違っていたということもあるでしょう。こうした場合は、以下の手順で正しいふりがなに修正します。

● 「ふりがなの編集」を選択する

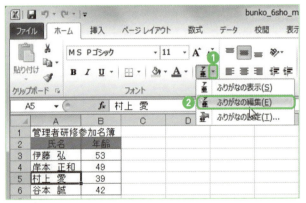

セルを選択して、❶「ホーム」タブの「ふりがな」の「▼」ボタンをクリックし、❷「ふりがなの編集」を選択します。

ふりがなの欄にカーソルが表示されたら、❸間違った文字を入力し直し、Enterキーで確定します。再度Enterキーを押して編集を終了します。

第 **7** 章

検索や抽出を行う関数

目を皿にしなくても
見つかりますよ?

セルの抽出

1件1行の表から情報を検索して取り出すには?

「VLOOKUP」関数ををを使うと、データが縦方向に並んだ表から、指定した値を検索して、検索値と一致した行のデータを抽出できます。商品リストから型番をもとに商品名を抽出する場合などに利用できます。

VLOOKUP関数を使おう

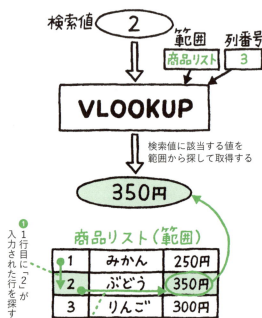

❶ 1行目に「2」が入力された行を探す

❷ 該当行の3列目の値を取得する

ブイ・ルックアップ　　　　　　　　　　　　戻り値 | 任意の形式

VLOOKUP (検索値, 範囲, 列番号 [, 検索方法])

指定した「範囲」の左端の列で、「検索方法」に従って「検索値」を検索し、一致した行から「列番号」で指定した位置の値を抽出する。「検索方法」は下表の値が指定できる。

検索方法	検索される値
0またはFALSE	完全一致の値
1またはTRUE または省略	「検索値」以下で最も大きい値（「範囲」の左端列を昇順で並べ替えておく必要がある）

166

VLOOKUP
ブイ・ルックアップ

▶ VLOOKUP関数で、型番から商品名を抽出する

	A	B	C	D	E
1	カタログ商品リスト			商品名検索	
2	型番	商品名		型番を入力	商品名
3	10-0001	ジャギーラグ		35-1245	シェルブホルダー
4	28-0201	アウインシーツ			
5	35-1245	シェルブホルダー			
6	40-0004	キラルラミラー			
7	52-4210	ラックハンガー			
8	65-0006	ウェンブピロー			

E3 =VLOOKUP(D3,A3:B8,2,0)

= VLOOKUP(D3,A3:B8,2,0)
型番のセルD3の値を、指定の検索方法(0:完全一致検索)に従って、商品リストのセルA3〜B8の左端列で検索し、一致する行の「2」列目(商品名)の値を抽出する

検索して抽出するVLOOKUP関数のしくみ　**POINT**

VLOOKUP関数は「検索値」に対応する値を指定の列位置から抽出する関数です。VLOOKUP関数のそれぞれの引数は、表内で以下のような働きをして値を抽出しています。上の作例を例に、確認しましょう。

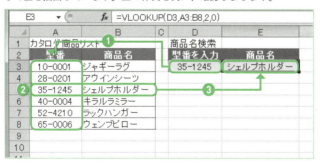

❶「検索値」(セルD3)の値に一致する行を、「検索方法」(0:完全一致検索)に従い、「範囲」(セルA3〜B8)の左端列から探します。❷合致する行が検索されると、❸その行から指定した「列番号」(2:2列目)のセルの値を表示します。

検索や抽出を行う関数

▶近似検索で、重量から対応する運賃を求める

	A	B	C	D	E	F
	C3		fx	=VLOOKUP(A3,A7:D12,4,1)		
1	運賃計算					
2	重量(g)		運賃(円)			
3	255		300			
4						
5	小包運賃表					
6	重量(g)			運賃(円)		
7	1	～	200	200		
8	201	～	300	300		
9	301	～	500	400		
10	501	～	1,000	500		
11	1,001	～	1,500	650		
12	1,501	～	2,000	700		

=VLOOKUP(A3,A7:D12,4,1)
重量のセルA3の値を、指定の検索方法（1:近似値検索）に従って、小包運賃表のセルA7～D12の左端列で検索し、合致する行の「4」列目（運賃）の値を抽出する

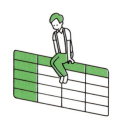

VLOOKUP関数の「検索方法」に「1」を指定すると、「検索値」がない場合は「検索値」未満で最も大きい値が検索されます。上の作例では「検索値」が「255」なので、セルA8の「201」が検索されています。

VLOOKUP
ブイ・ルックアップ

▶二つの表を切り替えて商品名を抽出する

カテゴリごとに用意された二つの価格表から、商品名と単価を取り出します。商品No.を検索する表をカテゴリで切り替えるために、INDIRECT関数を使って、カテゴリ名をVLOOKUP関数で検索するセル範囲に変換します。これを実現するために、二つの価格表のセル範囲にそれぞれ「インテリア」「雑貨」の名前を付けておきます(36ページ参照)。

=VLOOKUP($A3,INDIRECT($B3),2,0)

商品NO.のセルA3(Z2000)を、検索方法「0」(完全一致)で範囲「INDIRECT($B3)」のセル範囲の左端列で検索し、一致する行の2列目の値(商品名)を抽出する。INDIRECT関数では、セルB3で指定されたカテゴリ(雑貨)を対応するセル範囲「H10:J14」に変換している。単価の抽出も同様の方法で行える

	A	B	C	D	E	F	G	H	I	J
1	10月売上明細							【インテリア 商品一覧】		
2	商品No.	カテゴリ	商品名	単価	数量	金額		商品No.	商品名	単価
3	Z2000	雑貨	アロマホルダー	1,500	5	7,500		N1000	パソコンラック	15,000
4	N1000	インテリア	パソコンラック	15,000	6	90,000		N1001	タワーデスク	9,550
5	N1002	インテリア	ワイドテレビ台	25,000	2	50,000		N1002	ワイドテレビ台	25,000
6	Z2001	雑貨	花飾りハンガー	1,000	12	12,000		N1003	組立ロッカー	28,500
7	Z2002	雑貨	レースのれん	2,850	8	22,800				
8	N1003	インテリア	組立ロッカー	28,500	2	57,000		【雑貨 商品一覧】		
9								商品No.	商品名	単価
10								Z2000	アロマホルダー	1,500
11								Z2001	花飾りハンガー	1,000
12								Z2002	レースのれん	2,850
13								Z2003	ボッビンランプ	2,000
14								Z2004	マルチカバー	2,500

名前付きセル範囲「インテリア」   名前付きセル範囲「雑貨」

INDIRECT:指定された値に対応するセル範囲を返す(182ページ参照)

VLOOKUPが使えない表ではどうする?

セルの抽出

表の上端行を横方向に検索して該当する列から値を抽出したいときは、「HLOOKUP」関数を使います。また、「LOOKUP」関数を使えば、検索値を探すセル範囲が、表の左端列や上端行にない場合でも、検索・抽出が行えます。

 HLOOKUP／LOOKUP関数を使おう

HLOOKUP

VLOOKUP関数と行列の指定が逆になる。右は検索値を「2」、行番号を「3」としたときの例。

❶1行目に「2」が入力された列を探す

❷該当例の3行目の値を取得

LOOKUP

二つのセル範囲、「検索範囲」と「対応範囲」から該当する位置の値を表示する

検索範囲

❶検索値を2番目のセルに発見

対応範囲

❷2番目のセルの値を取得

エイチ・ルックアップ　　　　　　　　　　戻り値 任意の形式

HLOOKUP（検索値,範囲,行番号[,検索方法]))

指定した「範囲」の上端行で、「検索方法」に従って「検索値」を検索し、一致した列から「行番号」で指定した位置の値を抽出する。「検索方法」の指定方法はVLOOKUP関数と同じ（166ページ参照）。

ルックアップ　　　　　　　　　　　　　戻り値 任意の形式

LOOKUP（検索値,検索範囲,対応範囲）

指定した「検索範囲」で「検索値」を検索し、一致した「検索範囲」内の位置に対応する「対応範囲」の値を抽出する。「検査範囲」の値は、昇順で並べ替えて置く必要がある。

HLOOKUP | LOOKUP
エイチ・ルックアップ　ルックアップ

▶HLOOKUP関数で、講座名から講師を調べる

C3	▼		fx	=HLOOKUP(B3,A6:D13,A3+1,0)		
	A	B	C	D	E	F
1	10月開講講座　担当講師					
2	**開講日**	**講座名**	**メイン講師**			
3	2日	講座2	中島			
4						
5	10月開講講座					
6	**開講日**	**講座1**	**講座2**	**講座3**		
7	1	佐竹	遠藤	中島		
8	2	鍋岡	中島	佐竹		
9	3	佐竹	中島	遠藤		

=HLOOKUP(B3,A6:D13,A3+1,0)

講座名のセルB3(講座2)を、検索方法「0」(完全一致)で、講座表のセルA6～D13の上端行で検索し、一致する列の開講日のセルA3(2)に対応する行の値を抽出する。表に見出し行が含まれるため、セルA3に1を足して行番号を求めている

▶LOOKUP関数で、商品名から型番を調べる

商品リストの表で、商品名から対応する型番を抽出します。商品名が左端列でないため、VLOOKUP関数では対応できませんが、LOOKUP関数なら抽出できます。ただし、商品リストは商品名の昇順で並べ替えておきます。

E3	▼		fx	=LOOKUP(D3,B3:B8,A3:A8)	
	A	B	C	D	E
1	カタログ商品リスト			型番検索	
2	**型番**	**商品名**		**商品名を入力**	**型番**
3	28-0201	アウインシーツ		ジャギーラグ	10-0001
4	65-0006	ウェンブピロー			
5	40-0004	キラルラミラー			
6	35-1245	シェルブホルダー			
7	10-0001	ジャギーラグ			
8	52-4210	ラックハンガー			
9					
10					

=LOOKUP(D3,B3:B8,A3:A8)

商品名のセルD3(ジャギーラグ)を、商品リストの商品名のセルB3～B8で検索し、一致する位置に対応する型番のセルA3～A8の値を抽出する

表のデータを並べ替えるには、「データ」タブの「並べ替え」ボタンを利用します。

リストの選択

リストの中から指定位置の値を取り出すには？

あらかじめ決めておいたリストの中から、指定位置の選択肢を抽出したいときは、「CHOOSE」関数を利用します。リストにはセル範囲も指定できるので、参照するセル範囲の切り替えにも使えます。

CHOOSE関数を使おう

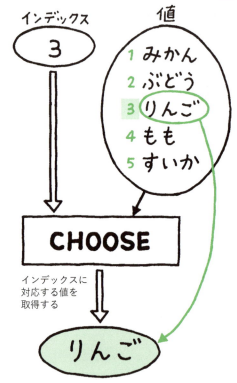

インデックスに対応する値を取得する

チューズ　　　　　　　　　　　　戻り値 任意の形式

CHOOSE(インデックス,値1[,値2,…])

「インデックス」で指定した位置にある引数リストの「値」を抽出する。

CHOOSE
チューズ

▶CHOOSE関数で、勤務区分の番号を文字列にする

	A	B	C	D	E	F	G
1	スタッフ勤務管理表						
2	就業日	区分		開始	終了	休憩	勤務時間
3	9/1(木)	1	勤務	9:00	17:30	1:00	7:30
4	9/2(金)	3	年休				
5	9/5(月)	1	勤務	9:00	18:50	1:00	8:50
6	9/6(火)	1	勤務	9:00	18:30	1:00	8:30
7	9/7(水)	2	欠勤				
8	9/8(木)	1	勤務	9:00	17:30	1:00	7:30
9	9/9(金)	1	勤務	9:00	17:45	1:00	7:45

> **＝CHOOSE(B3,"勤務","欠勤","年休")**
> 区分の番号のセルB3(1)で示した位置の値を「勤務」「欠勤」「年休」のリストから抽出する

▶料金表から利用者種別に応じた料金を抽出する

一般と学生で料金の異なる料金表から、利用時間に対応する料金を抽出します。利用者の種別によって値を抽出するセル範囲を切り替えるために、CHOOSE関数を利用します。

	A	B	C	D	E	F	G	H	I
1	テニスコート管理表								
2	日付	時間	種別	料金			利用料金		
3	4/1(金)	4	1	2,500		時間	一般	学生	
4	4/2(土)	2	2	750		1	800	400	
5	4/2(土)	5	2	1,750		2	1,500	750	
6	4/3(日)	2	1	1,500		3	2,000	1,000	
7	4/3(日)	3	1	2,000		4	2,500	1,250	
8	4/3(日)	4	2	1,250		5	3,500	1,750	
9	4/3(日)	2	1	1,500					
10	4/6(水)	1	1	800					

> **＝LOOKUP(B3,$F$4:$F$8,**
> **　　　　 CHOOSE(C3,$G$4:$G$8,$H$4:$H$8))**
> CHOOSE関数で、種別のセルC3の値(1)に対応するセル範囲を「G4:G8」「H4:H8」の二つから選択する。LOOKUP関数では、時間のセルB3(4)の値を料金表の時間のセルF4〜F8で検索し、一致する位置に対応する料金を、CHOOSE関数で選択したセル範囲から抽出する

LOOKUP：検索範囲内と同じ位置にある値を対応範囲から抽出する(170ページ参照)

位置の特定

指定したデータの位置を求めるには？

指定したデータがセル範囲の中で何番目にあるかを求めるには、「MATCH」関数を使います。INDEX関数（176ページ参照）で表からデータを抽出する際に、表内の行番号や列番号を求める目的で、よく利用されます。

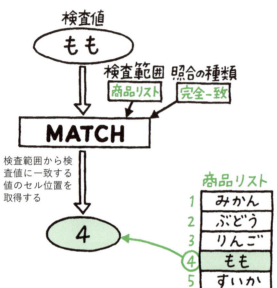

MATCH関数を使おう

検査範囲から検査値に一致する値のセル位置を取得する

マッチ　　　　　　　　　　　　　　　戻り値 数値

MATCH （検査値, 検査範囲 [, 照合の種類]）

「検査範囲」内で「照合の種類」に従い「検査値」を検索し、一致するセルの相対的な位置を求める。

照合の種類	説明
1または省略	「検査値」以下の最大値を検索して位置を求める。この場合、「検査範囲」のデータを昇順（小さい順）に並べ替えておく必要がある
0	「検査値」に完全に一致する値を検索して位置を求める。一致する値がない場合は、エラー値「#N/A」になる
-1	「検査値」以上の最小値を検索して位置を求める。この場合、「検査範囲」のデータを降順（大きい順）に並べ替えておく必要がある

174

MATCH
マッチ

▶MATCH関数で、送料表から地域の行位置を求める

	A	B	C	D	E	F	G
	E5	▼	fx	=MATCH(E4,A3:A9,0)			
1	お買い物送料表						
2	地域\金額	¥1	¥5,000		送料検索		
3	北海道	¥500	無料		地域	購入金額	送料
4	東北	¥350	無料		東北	¥4,500	
5	関東	¥300	無料		2		
6	中部	¥300	無料				
7	近畿	¥350	無料				
8	中国四国	¥350	無料				
9	九州	¥500	無料				

= MATCH(E4,A3:A9,0)
地域のセルE4（東北）を、照合の種類「0」（完全一致）に従い、地域のセルA3〜A9で検索し、何番目にあるかを求める

▶送料表から金額の列位置を近似検索で求める

	A	B	C	D	E	F	G
	F5	▼	fx	=MATCH(F4,B2:C2,1)			
1	お買い物送料表						
2	地域\金額	¥1	¥5,000		送料検索		
3	北海道	¥500	無料		地域	購入金額	送料
4	東北	¥350	無料		東北	¥4,500	
5	関東	¥300	無料		2	1	
6	中部	¥300	無料				
7	近畿	¥350	無料				
8	中国四国	¥350	無料				
9	九州	¥500	無料				

= MATCH(F4,B2:C2,1)
金額のセルF4（4500）を、照合の種類「1」（検査値以下の最大値）に従い、金額のセルB2〜C2で検索し、何番目にあるかを求める。4500以下の最大値は1なので、1列目となる

セルの抽出

表の行と列を指定して値を抽出したい！

INDEX関数を使おう

範囲で行番号と列番号が交差するセルを参照して値を表示する

表の行番号と列番号を指定して、該当するセルの値を抽出するには「INDEX」関数を利用します。ほかの関数の引数にするセル範囲を求めたり、MATCH関数（174ページ参照）と組み合わせて必要なデータを抽出できます。

インデックス　　　　　　　　　　　　　　　戻り値 セル参照

INDEX（範囲,行番号[,列番号]）

「範囲」内で「行番号」と「列番号」が交差する位置にあるセルの値を求める。範囲が1行もしくは1列のセル範囲の場合は、「列番号」を省略できる。

INDEX
インデックス

▶INDEX関数で、部屋番と予約日から空室かどうか調べる

	A	B	C	D	E	F	G	H	I	J	K
1	ロッジ予約状況							空室確認			
2	部屋名	部屋番	\multicolumn{4}{c}{日付}			部屋番	2	空室状況	×
3			1	2	3	4		予約日	3		
4	大光岬	1	×	×	×	○					
5	杉林岬	2	×	×	×	×					
6	神鳥谷	3	×	×	○	○					
7	富士谷	4	×	○	○	○					

= INDEX(C4:F7,I2,I3)
ロッジ予約状況のセルC4～F7で、部屋番のセルI2の行(2)と予約日のセルI3の列(3)が交差する位置のセルの値を抽出する

▶地域と購入金額から送料を求める

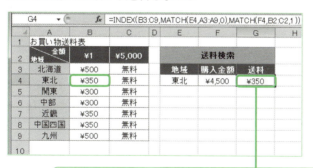

= INDEX(B3:C9,MATCH(E4,A3:A9,0), MATCH(F4,B2:C2,1))
送料表のセルB3～C9で、MATCH関数で求めた行番号と列番号から送料を求める。一つ目のMATCH関数では、地域のセルA3～A9で、セルE4(東北)を照合の種類「0」(完全一致)で検索してセルの位置を求め、INDEX関数の行番号に指定する。二つ目のMATCH関数では、料金のセルB2～C2で、セルF4(4500)を照合の種類「1」(検査値以下の最大値)で検索してセルの位置を求め、INDEX関数の列番号に指定する

MATCH:指定したデータの位置を求める(174ページ参照)

▶利用金額に対応する会員種別を求める

	A	B	C	D	E	F	G
1	会員リスト					会員種別	
2	No	氏名	利用金額	会員種別		利用金額	会員種別
3	1	長谷川 京子	5,000	ブロンズ		0	ブロンズ
4	2	岩崎 佳子	15,000	ブロンズ		50,000	シルバー
5	3	古屋 望	50,000	シルバー		100,000	ゴールド
6	4	織田 由香利	110,000	ゴールド			
7	5	久米 佑磨	25,000	ブロンズ			
8	6	丹羽 明永	65,000	シルバー			
9	7	大川 蘭	95,000	シルバー			
10	8	金谷 雄三	35,000	ブロンズ			

D3 =INDEX($G$3:$G$5,MATCH(C3,$F$3:$F$5,1),1)

=INDEX($G$3:$G$5,MATCH(C3,$F$3:$F$5,1),1)

会員種別のセルG3～G5で、MATCH関数で求めた行番号に対応する値を求める。MATCH関数では、利用金額のセルF3～F5で、セルC3(5000)を、照合の種類「1」(検査値以下の最大値)で検索し、セルの位置を求めてINDEX関数の行番号に指定している。INDEX関数の列番号は、範囲が1列なので「1」で固定している

POINT

VLOOKUP関数で会員種別を求める

上の作例の場合、VLOOKUP関数(166ページ参照)で会員種別を求めることもできます。その場合、セルD3には以下のように入力します。

=VLOOKUP(C3,$F$3:$G$5,2,1)

利用金額のセルC3(5000)を、検索方法「1」(近似値検索)に従って、会員種別のセルF3～G5の左端列で検索し、一致する行の「2」列目(会員種別)の値を抽出する

MATCH:指定したデータの位置を求める(174ページ参照)

INDEX
インデックス

▶指定期間内の新商品の販売数を求める

開始日と終了日を入力して、指定期間の商品販売数を求められるようにします。

	A	B	C	D	E	F
1	新商品販売実績				期間指定集計	
2	日付	経過日数	販売数		開始日	終了日
3	4/26(土)	1日目	4,215		3	11
4	4/27(日)	2日目	2,000		64,089	
5	4/28(月)	3日目	4,674			
6	4/29(火)	4日目	6,611			
7	4/30(水)	5日目	9,958			
8	5/1(木)	6日目	12,547			
9	5/2(金)	7日目	8,600			
10	5/3(土)	8日目	6,412			
11	5/4(日)	9日目	5,279			
12	5/5(月)	10日目	6,157			
13	5/6(火)	11日目	3,851			
14	5/7(水)	12日目	7,756			

E4セル: `=SUM(INDEX(C3:C14,E3):INDEX(C3:C14,F3))`

=SUM(INDEX(C3:C14,E3):INDEX(C3:C14,F3))

INDEX関数で求めた集計期間に対応するセル範囲の数値を、SUM関数で合計する。INDEX関数で、開始日のセルE3と終了日のセルF3の経過日数に対応するセルを販売数のセルC3〜C14でそれぞれ検索し、それらのセルアドレスを「:」でつなげてSUM関数に指定している

INDEX関数の戻り値 **POINT**

INDEX関数の戻り値は、セルの値ではなく、セル参照（セルアドレス）です。そのため、上の作例のようにINDEX関数の戻り値を組み合わせてセル範囲を作成し、ほかの関数の引数に指定することができます。

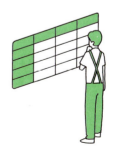

SUM：数値を合計する（48ページ参照）

セルの行番号・列番号を調べたい！

行番号／列番号

指定したセルの行番号や列番号を調べたいときは、「ROW」関数や「COLUMN」関数を使います。どちらの関数も引数を省略すると、関数を入力したセルの番号を返します。連続したセルに自動的に連番を振りたいときに便利です。

ROW／COLUMN関数を使おう

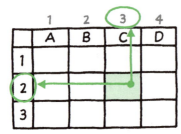

セルC2に関数を入力した場合

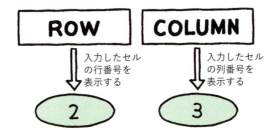

ROW → 入力したセルの行番号を表示する → 2

COLUMN → 入力したセルの列番号を表示する → 3

ロウ　　　　　　　　　　　　　　　　　　戻り値 数値

ROW（[参照]）

「参照」に指定したセル範囲の行番号を求める。引数を省略するとROW関数を入力したセルの行番号が求められる。

カラム　　　　　　　　　　　　　　　　　戻り値 数値

COLUMN（[参照]）

「参照」に指定したセル範囲の列番号を求める。引数を省略するとCOLUMN関数を入力したセルの列番号が求められる。

ROW | COLUMN
ロウ　　カラム

▶ROW関数で、座席番号のセルに連番を振る

	A	B	C	D
	A3		▼	f_x =ROW()−2
1	ファンクラブイベント 座席表			
2	座席番号	会員ID	氏名	
3	1	A48670	豊川沙織	
4	2	A20146	原野美加	
5	3	A78365	桜井美弥子	
6	4	A36782	奥田美子	
7	5	A02465	立花澪	
	6	A65700	曲比妙子	

＝ROW()−2
現在のセル(セルA3)の行番号を求め、2を引く。オートフィルで連続コピーすることで、セルA3以降に1から始まる連番が振られる

▶COLUMN関数で、店舗No.のセルに連番を振る

	A	B	C	D	E
	B2	▼	f_x =COLUMN()−1		
1	東京都内店舗リスト				
2	店舗No.	1	2	3	4
3	店舗名	原宿1号館	原宿2号館	銀座キラリ館	新宿ミヤビ館
4	場所	渋谷区神宮前	渋谷区神宮前	中央区銀座	新宿区新宿
5	店員人数	5名	3名	4名	5名
6	営業時間	11:00〜21:00	11:00〜21:00	11:00〜20:00	11:00〜21:00
7	営業日	水曜除く月〜日	月〜日	月〜金	水曜除く月〜日
8	電話番号	03-****-****	03-****-****	03-****-****	03-****-****

＝COLUMN()−1
現在のセル(セルB2)の列番号を求め、1を引く。オートフィルで連続コピーすることで、セルB2以降に1から始まる連番が振られる

POINT

行や列を削除しても自動採番される

数値を連続コピーして連番を作成した場合、行や列を削除すると空き番号ができてしまいます。ROW関数やCOLUMN関数で連番を作成すれば、行番号・列番号から連番が再計算されるので、行や列を削除しても空き番号が生じません。

セルに入力した文字をセル参照に変換するには？

間接参照

「INDIRECT」関数を使うと、文字列をその文字列が示すセル範囲に変換できます。ある関数の引数に指定するセル範囲を、名前（36ページ参照）付きセル範囲で切り替えたいときに便利です。

INDIRECT関数を使おう

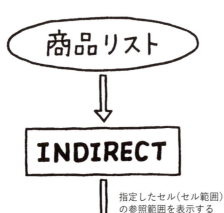

(例) セルＡ２〜Ｃ９に「商品リスト」と名前を付けた場合、セル範囲「Ａ２：Ｃ９」が戻り値として返る

インダイレクト　　　　　　　　　　　　　　戻り値 セル参照

INDIRECT（参照文字列[,参照形式]）

「参照文字列」で指定したセル範囲を介し、ほかのセル範囲の内容を参照する。このような参照を、間接参照という。「参照形式」は、セル参照にR1C1形式のセルアドレスを使いたいときに「FALSE」を指定する。通常のA1形式の場合は省略可能（もしくは「TRUE」を指定）。

RECT
レクト

▶ INDIRECT関数で、
参照先のセルを介して元データを間接参照する

	A	B	C	D	E
				D2 ▼	f_x =INDIRECT(C2)

	A	B	C	D	E
1	元データ		参照先	売上金額	
2	100		A3	文字列	
3	文字列		A4	41776	
4	5月17日		A2	100	
5					
6					

= INDIRECT（C2）
参照先のセルC2を介して元データのセルを参照する。セルC2の
値が「A3」なので、セルA3が参照され「文字列」が表示される

▶分類名を名前付きセル範囲に変換して、数値を合計する

会社別の売上数から、分類ごとの売上数の合計を求めます。分類ごとの売上数のセ
ル範囲には、それぞれ「ポップ」「クラシック」「ジャズ」の名前を付けておきます。

		B3 ▼	f_x =SUM(INDIRECT(A3))			

	A	B	C	D	E	F	G
1	音楽CD売上表			会社別売上表			
2	分類名	売上数		分類名	A社	B社	C社
3	ポップ	1900		ポップ	600	800	500
4	クラシック	950		クラシック	450	300	200
5	ジャズ	530		ジャズ	150	200	180
6							
7							

= SUM（INDIRECT（A3））
INDIRECT関数でセルA3の値「ポ
ップ」を、名前「ポップ」のセル範
囲（E3:G3）に変換して、SUM関
数で合計する

名前付きセル範囲「ポップ」

SUM：数値を合計する（48ページ参照）

183

基点からの移動距離でセルを参照するには？

「OFFSET」関数を利用すると、指定したセルを基準にして、移動距離（行数と列数）と大きさでセル範囲を参照できます。開始日と日数を指定して、指定期間内のセルの数値を集計するといった場合に便利です。

OFFSET関数を使おう

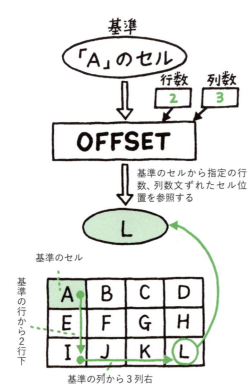

オフセット　　　　　　　　　　　　　　　　戻り値 セル参照

OFFSET (基準, 行数, 列数 [, 高さ, 幅])

「基準」のセル範囲から、「行数」と「列数」だけ移動した位置にあるセルアドレスを求め、「高さ」と「幅」でセル範囲を参照する。「高さ」と「幅」を省略すると単一のセルアドレスが返る。

OFFSET
オフセット

▶OFFSET関数で、指定順位の店舗名を表示する

	A	B	C	D	E	F	G
	F3	▼	fx	=OFFSET(A3,E3-1,1)			
1	店舗別売上高				店舗名検索		
2	順位	店舗名	売上高		順位	店舗名	
3	1	紅葉ヶ丘店	3,500,000		3	竹ヶ町店	
4	2	花の里店	2,954,500				
5	3	竹ヶ町店	2,245,000				
6	4	虹の森店	1,867,900				
7	5	うぐいす谷店	1,265,470				
8	6	桔梗ヶ丘	987,560				
9	7	伊勢雪町店	647,850				

= OFFSET(A3,E3−1,1)

順位の1位のセルA3を基準にして、下に「E3−1」行、右に「1」列移動した位置のセルを参照する。順位のセルE3(3)から1を引いて、移動距離を補正している

▶開始日と日数を指定して来場者数を合計する

月次の来場者数記録から、開始日と日数で集計期間を指定して来場者数の合計を求めます。OFFSET関数では、合計するセル範囲の最初のセルを月初日からの移動距離で指定し、セル範囲の大きさを日数で指定します。

	A	B	C	D	E	F
	F3	▼	fx	=SUM(OFFSET(B3,D3-1,0,E3))		
1	12月の来場者数			期間指定の来場者数		
2	日付	来場者数		開始日	日数	合計来場者数
3	12月1日	2,384		2	7	9,955
4	12月2日	1,062				
5	12月3日	1,099				
6	12月4日	922				
7	12月5日	939				
8	12月6日	971				
9	12月7日	2,516				
10	12月8日	2,446				
11	12月9日	1,150				
12	12月10日	773				
13	12月11日	819				
14	12月12日	864				
15	12月13日	921				

= SUM(OFFSET(B3,D3−1,0,E3))

OFFSET関数で、来場者数の最初のセルB3を基準として、下に「D3−1」(=1)行、右に「0」列の位置から日数のセルE3(7)の高さのセル範囲を参照し、SUM関数で合計する

SUM：数値を合計する（48ページ参照）

【な】

名前 ······················· 36
日時（現在） ············· 102
入力 ······················· 24
年 ························· 104

【は】

半角 ······················ 144
日 ························ 104
引数 ······················· 22
日付（今日） ············· 102
日付の作成 ·········· 106、108
否定 ······················ 156
秒 ························· 120
表示形式 ·················· 32
標準偏差 ·················· 92
複数条件でカウント ········ 84
複数条件で合計 ············ 52
複数条件で平均 ············ 78
ふりがな ················· 162
ふりがなの編集 ·········· 164
分 ························· 120
平均 ······················· 74

【ま】

文字数 ··················· 136
文字の抽出 ········· 132、134
文字列 ··················· 148
文字列と数値の変換 ······· 140

【や】

曜日番号 ················· 110

【ら】

リストの選択 ············· 172
列番号 ··················· 180
連続コピー ················ 26
論理積 ··················· 154
論理和 ··················· 156

【わ】

ワイルドカード ············ 46
割り算 ···················· 70

キーワード別INDEX

【あ】

値から順位 …………… 90
値の種類 …………… 160
余り …………… 70
位置の特定 …………… 174
営業日の日数 …………… 116
営業日の日付 …………… 112、114
エラー処理 …………… 158
エラー値 …………… 42
大文字 …………… 146

【か】

関数のしくみ …………… 16
関数の書式とルール …………… 18
間接参照 …………… 182
行番号 …………… 180
切り上げ …………… 58、64
切り捨て …………… 60、64、66、68
結合 …………… 124
検索 …………… 130
合計 …………… 48
構造化参照 …………… 44
コピー …………… 26
小文字 …………… 146

【さ】

最小値 …………… 88
最大値 …………… 88
削除 …………… 142

参照式のコピー …………… 100

時 …………… 120
四捨五入 …………… 62
指定単位の期間 …………… 118
ジャンプ機能 …………… 122
集計方法 …………… 54
順位から値 …………… 86
条件でカウント …………… 82、96
条件で合計 …………… 50、94
条件で最小値 …………… 98
条件で最大値 …………… 98
条件で平均 …………… 76、96
条件分岐 …………… 150
シリアル値 …………… 40
数値の文字列化 …………… 138
ステータスバー …………… 72
積 …………… 56
積の合計 …………… 56
絶対参照 …………… 28
セルのカウント …………… 80
セルの参照 …………… 184
セルの抽出 …………… 166、170、176
全角 …………… 144
相対参照 …………… 28

【た】

置換 …………… 126、128
月 …………… 104

F

FIND	文字列の位置を求める	130
FLOOR	基準値の倍数に切り捨てる	60

H

HLOOKUP	表を横方向に検索してデータを取り出す	170
HOUR	時刻データから時を取り出す	120

I

IF	条件で処理を振り分ける	150
IFERROR	結果がエラーなら別の処理を行う	158
INDEX	表の行番号と列番号からセルの値を取り出す	176
INDIRECT	指定した値に対応するセル範囲を返す	182
INT	指定した数値を超えない最大の整数を求める	68
ISNUMBER	セルの値が数値か調べる	160
ISTEXT	セルの値が文字列か調べる	160

J

JIS	半角英数カナを全角英数カナに変換する	144

L

LARGE	大きい順で、指定順位の値を求める	86
LEFT	文字列の先頭から指定文字数を取り出す	132
LEN	文字列の文字数を求める	136
LOOKUP	表を検索してデータを取り出す	170
LOWER	文字列中の英字を小文字にする	146

M

MATCH	指定したデータの位置を求める	174
MAX	最大値を求める	88
MID	文字列の指定位置から指定文字数を取り出す	134
MIN	最小値を求める	88

関数別INDEX

A

AND	すべての条件を満たすか調べる	154
ASC	全角英数カナを半角英数カナに変換する	144
AVERAGE	数値の平均を求める	74
AVERAGEA	数値以外も含めて平均を求める	74
AVERAGEIF	条件を満たす数値を平均する	76
AVERAGEIFS	複数条件を満たす数値を平均する	78

C

CEILING	基準値の倍数に切り上げる	58
CHOOSE	引数リストから値を抽出する	172
CLEAN	文字列から印刷できない文字を削除する	142
COLUMN	セルの列番号を求める	180
CONCATENATE	文字列を結合する	124
COUNT	数値のセルを数える	80
COUNTBLANK	空白のセルを数える	80
COUNTIF	条件を満たすセルを数える	82
COUNTIFS	複数条件を満たすセルを数える	84

D

DATE	年／月／日から日付を求める	106
DATEDIF	指定の単位で、開始日から終了日までの期間を求める	118
DAVERAGE	複雑な条件を満たす数値を平均する	96
DAY	日付データから日を取り出す	104
DCOUNT	複雑な条件を満たすセルを数える	96
DMAX	複雑な条件を満たす最大値を求める	98
DMIN	複雑な条件を満たす最小値を求める	98
DSUM	複雑な条件を満たす数値を合計する	94

E

EDATE	指定した月数前／後の日付を求める	108
EOMONTH	指定した月数前／後の月末日を求める	108

S

SEARCH	大文字・小文字を区別せずに文字の位置を調べる	130
SECOND	時刻から秒を取り出す	120
SMALL	小さい順で、指定順位の値を求める	86
STDEV.P	母集団の標準偏差を求める	92
SUBSTITUTE	検索した文字を別の文字に置き換える	126
SUBTOTAL	指定した方法で集計する	54
SUM	数値を合計する	48
SUMIF	条件を満たす数値を合計する	50
SUMIFS	複数条件を満たす数値を合計する	52
SUMPRODUCT	範囲の項目を掛け合わせ、合計を求める	56

T

TEXT	数値を文字列に変換して表示形式を指定する	138
TODAY	現在の日付を表示する	102
TRIM	連続したスペースを一つにまとめる	142
TRUNC	数値を切り捨てて、指定した桁数にする	66

U

UPPER	文字列中の英字を大文字にする	146

V

VALUE	文字列の数字を数値に変換する	140
VLOOKUP	表を縦方向に検索してデータを取り出す	166

W

WEEKDAY	日付から曜日番号を求める	110
WORKDAY	指定した営業日前／後の日付を求める	112
WORKDAY.INTL	指定の休日と祝日を除いて、指定した営業日前／後の日付を求める	114

Y

YEAR	日付から年を取り出す	104

関数別INDEX

MINUTE …………………………………………… 時刻から分を取り出す　120
MOD ………………………………… 数値を除数で割った余りを求める　70
MONTH ………………………………………… 日付から月を取り出す　104

N

NETWORKDAYS ………………… 開始日から終了日までの営業日数を求める　116
NETWORKDAYS.INTL
…… 指定の休日／祝日を除いて、開始日から終了日までの営業日数を求める　116
NOT ………………………………… 条件を満たさないものを調べる　156
NOW ………………………………… 現在の日付と時刻を求める　102
NUMBERSTRING ……………………………… 数字を漢数字に変換する　140

O

OFFSET ………………… 基準セルから指定した位置にあるセルを参照する　184
OR ……………………………………… 一つでも条件を満たすか調べる　156

P

PHONETIC …………………………………… 文字列の読みを求める　162
PRODUCT………………………………… 複数の項目の積を求める　56
PROPER…………… 英字の頭文字を大文字に、2文字目以降を小文字にする　146

Q

QUOTIENT………………………………… 割り算の商の整数部分を求める　70

R

RANK.AVG ………………………………… 数値の順位と平均順位を求める　90
RANK.EQ ……………………………………… 数値の順位を求める　90
REPLACE…………………… 指定位置の文字を別の文字に置き換える　128
RIGHT…………………… 文字列の末尾から指定文字数分を取り出す　134
ROUND ……………………………………… 指定の桁数で四捨五入する　62
ROUNDDOWN ………………………………… 指定の桁数で切り捨てる　64
ROUNDUP………………………………… 指定の桁数で切り上げる　64
ROW ………………………………………… セルの行番号を求める　180

たった3秒のエクセル関数術

2016年9月13日　第1刷発行

学研コンピュータ編集部・編

デザイン・DTP	TwoThree
カバーイラスト	加納徳博
本文イラスト	タナカユリ
企画・編集	東海林謙一郎／坂本雄希郎／森 英幸
編集長	佐久裕昭
編集人	松井謙介
発行人	三木浩也
発行所	株式会社 学研プラス 〒141-8415　東京都品川区西五反田2-11-8
印刷所	中央精版印刷株式会社

この本に関する各種のお問い合わせは下記までお願いいたします。

〈電話の場合〉
●編集内容については　TEL 03-6431-1534(編集部直通)
●在庫、不良品(落丁・乱丁)については　TEL 03-6431-1201(販売部直通)

〈文書の場合〉
〒141-8418 東京都品川区西五反田2-11-8
学研お客様センター　『たった3秒のエクセル関数術』係

この本以外の学研商品に関するお問い合わせは下記までお願いいたします。
TEL 03-6431-1002(学研お客様センター)

©Gakken Plus 2016 Printed in Japan

●本書の無断転載、複製、複写(コピー)、翻訳を禁じます。
●本書を代行業者などの第三者に依頼してスキャンやデジタル化することは、
　たとえ個人や家庭内の利用であっても、著作権法上、認められておりません。
●複写(コピー)をご希望の場合は、下記までご連絡ください。
　日本複製権センター　URL：http://www.jrrc.or.jp/
　E-mail：jrrc_info@jrrc.or.jp
　TEL：03-3401-2382
　R〈日本複製権センター委託出版物〉

学研の書籍・雑誌についての新刊情報・詳細情報は、下記をご覧下さい。
学研出版サイト　URL：http://hon.gakken.jp/